Prozessorientierte Qualifikation von Führungskräften im Baubetrieb

Alexandra Liesert

Prozessorientierte Qualifikation von Führungskräften im Baubetrieb

Ein Kompetenzmodell

Alexandra Liesert
Wuppertal, Deutschland

Das Forschungsvorhaben wurde gefördert durch die Berufsgenossenschaft der Bauwirtschaft (BG BAU).

Von der Bergischen Universität Wuppertal angenommene Dissertation, 2015

OnlinePLUS Material zu diesem Buch finden Sie auf
http://www.springer-vieweg.de/978-3-658-12184-6

ISBN 978-3-658-12184-6　　ISBN 978-3-658-12185-3 (eBook)
DOI 10.1007/978-3-658-12185-3

Die Deutsche Nationalbibliothek verzeichnet diese Publikation in der Deutschen Nationalbibliografie; detaillierte bibliografische Daten sind im Internet über http://dnb.d-nb.de abrufbar.

Springer Vieweg

Gedruckt auf säurefreiem und chlorfrei gebleichtem Papier

Springer Fachmedien Wiesbaden ist Teil der Fachverlagsgruppe Springer Science+Business Media
(www.springer.com)

»WIR BEHALTEN VON UNSEREN STUDIEN AM ENDE DOCH NUR DAS, WAS WIR PRAKTISCH ANWENDEN.«

[Johann Wolfgang von Goethe (*1749 – †1832)]

Geleitwort

Bei der Abwicklung von Bauprojekten ist den Führungskräften im Baubetrieb ein zentraler Stellenwert zuzuordnen. Sowohl die Produkte als auch die Prozesse in der Bauwirtschaft sind hochkomplex, sodass bei der Erstellung umfassendes Wissen sowie technisches Verständnis unerlässlich sind. Insbesondere die Führungskräfte übernehmen dabei eine hohe Verantwortung – sowohl für Menschen als auch für Materialien. Auch unter extremen Bedingungen und Zeitdruck müssen sie in der Lage sein, sich auf neue Anforderungen einzustellen und – häufig weitreichende – Entscheidungen zu treffen.

Um Nachwuchsführungskräfte auf die Gesamtheit dieser Prozesse vorzubereiten und sie in die Lage zu versetzen, sowohl Kosten, Termine und Qualitäten als auch die Arbeitssicherheit stets im Blick zu behalten, bedarf es einer fundierten Ausbildung.

In den letzten Jahren wurde diese Aufgabe vernachlässigt, was sich nicht zuletzt in der Tatsache äußert, dass der Nachwuchskräftemangel insbesondere im Baubetrieb zu spüren ist.

Die fehlende bzw. nur ungenügende Vorbereitung der Nachwuchskräfte auf diese komplexen Aufgaben führt zu großer Frustration sowohl auf Arbeitgeber- als auch auf Arbeitnehmerseite.

Frau Dr.-Ing. Alexandra Liesert hat in ihrer Dissertationsschrift diese Situation aufgegriffen und – ausgehend von detaillierten Analysen des (hochschulischen) Bildungsangebotes sowie -bedarfes – ein Kompetenzprofil entwickelt, welches die Tätigkeiten und daraus abgeleitet die Anforderungen an Führungskräfte im Baubetrieb definiert.

Dieses Kompetenzprofil bildet die Basis für die anschließende Modellentwicklung zur prozessorientierten Qualifikation von Führungskräften im Baubetrieb. Mit diesem Ansatz hat Frau Dr. Liesert ein zukunftsweisendes Ausbildungskonzept entwickelt, welches die zielgerichtete Aus- und Weiterbildung von Führungskräften im Baubetrieb ermöglicht.

Die Resonanz auf den Masterstudiengang BAUBETRIEB // Führung | Prozesse | Technik, welcher auf Basis des prozessorientierten Ausbildungskonzeptes initiiert wurde, zeigt, dass das Konzept nicht nur neu, sondern auch für die baubetriebliche Praxis von großer Bedeutung ist.

Univ.-Prof. Dr.-Ing. Manfred Helmus

Vorwort der Verfasserin

Die vorliegende Arbeit entstand während meiner Tätigkeit als wissenschaftliche Mitarbeiterin am Lehr- und Forschungsgebiet Baubetrieb und Bauwirtschaft der Bergischen Universität Wuppertal.

Ich bedanke mich bei allen, die mich während meiner Promotionszeit unterstützt haben. Mein besonderer Dank für das mir entgegengebrachte Vertrauen sowie die Anregungen und stete Unterstützung gilt meinem Doktorvater, Herrn Univ.-Prof. Dr.-Ing. Manfred Helmus.

Für die Übernahme der weiteren Begutachtung und Mitwirkung in der Promotionskommission danke ich ebenso Herrn Univ.-Prof. Dr.-Ing. Steffen Anders, Herrn Univ.-Prof. Dr.-Ing. Reinhard Harte sowie Herrn Prof. Dr.-Ing. Richard Dellen. Letzterem möchte ich besonders dafür danken, dass er mich bereits während meines Studiums an der Fachhochschule Münster unterstützt und in der Zeit meiner Promotion weiter begleitet hat.

Bedanken möchte ich mich auch bei meinen Kolleginnen und Kollegen, die mich während dieser Zeit unterstützt haben. Insbesondere danke ich meiner Kollegin Nahid Khorrami für die entstandene Freundschaft, ihre Diskussionsbereitschaft und Unterstützung. Bedanken möchte ich mich auch besonders bei Katja Indorf, die als Geschäftsführerin der Weiterbildung Wissenschaft Wuppertal gGmbH die Umsetzung meiner Forschungsergebnisse im Masterstudiengang BAUBETRIEB // Führung | Prozesse | Technik wesentlich ermöglicht hat. Ihr und Sabine Nauß möchte ich zudem für die inhaltliche und vor allem auch menschliche Unterstützung während meiner Promotionszeit danken. Für die kompetente und sorgfältige Durchsicht meines Manuskriptes danke ich Silke Wiesemann.

Mein weiterer Dank gilt der BG BAU, die meine wissenschaftliche Stelle während meiner Dissertation finanziell unterstützt hat. Stellvertretend hervorzuheben ist an dieser Stelle Herr Reiner Kamann, der die Integration des Arbeitsschutzes in das Kompetenzmodell durch seine fachlichen Diskussionen maßgeblich mitgestaltet und mich darüber hinaus bei meiner Promotion sehr unterstützt hat.

Den zahlreichen Praxispartnern, Professoren und Dozenten, die an der Gestaltung der Inhalte sowie der Umsetzung meines Ausbildungsmodells beteiligt waren, danke ich für Ihre wichtigen fachlichen Impulse und die gute Zusammenarbeit.

Ebenso möchte ich mich bei Herrn Prof. Dr. rer. nat. Laurenz Göllmann bedanken, die Gespräche mit ihm haben mich sehr bestärkt, den Weg der Promotion einzuschlagen, auch hat er mich während meiner Promotion stets unterstützt.

Und natürlich bedanke ich mich bei meiner ganzen Familie und meinen Freunden. Mein größter Dank, nicht nur für die Zeit meiner Promotion, sondern auch darüber hinaus, gilt meinen Eltern, Margret und Bernhard Liesert, die mir stets ein großes Vorbild waren und mich in jedem meiner Schritte liebevoll unterstützt haben. Meinem Vater möchte ich in diesem Zusammenhang dafür danken, dass er mir von klein auf den Baustellenalltag gezeigt und so in mir die Begeisterung für die Bauwirtschaft – insbesondere für kleine und mittelständische Bauunternehmen – geweckt hat. Ebenso gilt mein besonderer Dank meinem Bruder, Hendrik Liesert, der mir stets einen großen Rückhalt gegeben und endlose Geduld entgegengebracht hat.

Alexandra Liesert

Kurzbeschreibung

Das Baugewerbe verzeichnet seit 2006 einen Aufwärtstrend. Bedingt durch diese Entwicklung und den demografischen Wandel allgemein besteht ein großer Bedarf an Bauingenieuren. Zwar haben Studieninteressierte auf den daraus resultierenden Nachfragemarkt reagiert, dennoch kann der Bedarf der Bauwirtschaft an Bauingenieuren aktuell nicht gedeckt werden. Untersuchungen zufolge erfolgt die Ausbildung im Bauingenieurwesen zudem teilweise am Bedarf vorbei. Diese Divergenz zwischen dem Ausbildungsbedarf der Unternehmen und der Verteilung der Absolventen hinsichtlich ihrer hochschulischen Ausbildungsschwerpunkte ist in besonderem Maße im Baubetrieb zu spüren.

Die vorliegende Arbeit setzt an diesem Punkt an und verfolgt das Ziel, ein Modell zur Ausbildung zukünftiger Führungskräfte im Baubetrieb zu entwickeln. Basis hierfür bildet die Bestimmung des Berufsbildes von Führungskräften im Baubetrieb sowie die Analyse des Bildungsbedarfs der Bauunternehmen und des hochschulischen Bildungsmarktes im Baubetrieb. Ausgehend von den Ergebnissen dieser Untersuchungen erfolgt die Ermittlung der Anforderungen, die an ein zu entwickelndes Modell zu stellen sind. Zur Bestimmung der notwendigen Kompetenzen, die eine Führungskraft im Baubetrieb zur erfolgreichen Erfüllung der Arbeitsaufgaben benötigt, werden detaillierte Prozessanalysen in Bauunternehmen durchgeführt. Die Ergebnisse dieser Analysen werden zu Standardprozessen der Bauprojektabwicklung zusammengefasst und hieraus das Kompetenzprofil „Führungskräfte im Baubetrieb" abgeleitet.

Auf Basis dieser Ergebnisse erfolgt die Modellentwicklung. Grundgedanke des Kompetenzmodells bildet dabei die Orientierung an den Standardprozessen der Bauprojektabwicklung. Der Fokus des Modells liegt auf dem Ausbildungskonzept, das – aufbauend auf einer vorhandenen breiten Grundlagenausbildung im Bauingenieurwesen – eine Organisation aufweist, die sich am Bauprozess orientiert. Unterstützt wird das Ausbildungskonzept durch eine Wissensplattform, die den Wissensaustausch in der Bauwirtschaft sowie die Kommunikation allgemein fördern soll. Die Berufspraxis als zentrales Element im Kontext des Kompetenzerwerbs wird bereits in das Ausbildungskonzept integriert. Zur Förderung des lebenslangen Lernens wird zudem eine Weiterbildungsmatrix entwickelt, die in Abhängigkeit der ausgeübten Tätigkeiten einer Führungskraft im Baubetrieb die Soll-Qualifikationen des Mitarbeiters ermittelt und durch Gegenüberstellung der vorhandenen Ist-Qualifikationen einen individuellen Schulungsplan erstellt.

Abstract

Since 2006 the building industry has experienced an upwards trend. As a result of this development and general demographic change there is a great demand for structural engineers. Although potential students have reacted to this increased demand on the employment sector, it is currently not possible for the supply of structural engineers to cover the requirements of the building industry. Studies have also shown that the training courses for structural engineers do not meet these requirements in some respects. This divergence between the training requirements of the construction companies and the distribution of the graduates with respect to their key course elements at university is particularly noticeable in the construction management.

This paper examines this point and follows the aim of developing a model for training future executives in construction management. The basis for this is provided by the determination of the professional image of construction managers as well as the analysis of the training requirements of the building companies and the higher education training markets for the building industry. The results of these studies are used to determine the demands to be placed on the model that is being developed. In order to determine the necessary competences that a construction manager requires in order to carry out his work successfully, detailed process analyses are carried out in building companies. The results of these analyses are summarized to give standard building project development processes, from which the competence profile "Executives in construction management" is derived.

The development of the model is based on these results. The basic idea behind the competence model is the orientation on the standard building project development processes. The focus of the model is the training concept, which – building on an existing broad basic training in structural engineering – demonstrates an organisation that is oriented on the building process. The training concept is supported by a scientific program which is intended to promote both exchange of knowledge in the building industry as well as communication in general. Professional practice has already been integrated as a central element in the context of acquiring competence. In order to promote lifelong learning, a further education matrix has also been developed which, depending on the professional activities of the executive in site management, is used to determine the required qualifications for an employee and, by comparison with the existing qualifications, to draw up an individual training plan.

Inhaltsverzeichnis

Geleitwort **V**

Vorwort der Verfasserin **IX**

Kurzbeschreibung **XI**

Abstract **XIII**

Inhaltsverzeichnis **XV**

Abbildungsverzeichnis **XXI**

Tabellenverzeichnis **XXV**

Abkürzungsverzeichnis und Akronyme **XXIX**

1 Einleitung und Hintergrund **1**

1.1 Problemstellung 1
1.2 Zielsetzung der Arbeit 3
1.3 Forschungsansatz 4
1.4 Forschungsvorgehensweise 4
1.5 Vorveröffentlichungen 7

2 Theoretische Grundlagen der Berufsbilder im Baubetrieb **9**

2.1 Bauwirtschaft in Deutschland // Struktur von Unternehmen im Bauhauptgewerbe 9
2.2 Organisation von Unternehmen im Bauhauptgewerbe 15
2.3 Berufsbilder im Baubetrieb 20
2.3.1 Bauleiter 21
2.3.2 Oberbauleiter 28
2.3.3 Projektleiter 28
2.3.4 Kalkulator 29
2.3.5 Arbeitsvorbereiter 30
2.3.6 Baulogistiker 30
2.3.7 Abrechner 31
2.3.8 Controller 31
2.4 Arbeitsschutz als integraler Bestandteil der Berufsbilder im Baubetrieb 32
2.5 Zusammenfassung der Berufsbilder im Baubetrieb 34

3 Erhebung und Analyse des Bildungsmarktes sowie -bedarfes im Baubetrieb **37**

3.1 Vorgehen zur Erhebung und Analyse des Bildungsmarktes und -bedarfes im Baubetrieb 37

3.2 Analyse der Bachelorstudiengänge im Bereich Baubetrieb 38
3.2.1 Methodisches Vorgehen zur Analyse der Bachelorstudiengänge 39
3.2.2 Darstellung des vorhandenen Studienangebotes in der Vertiefungsrichtung Baubetrieb in Bachelorstudiengängen 40
3.2.3 Exkurs: Baubetriebliche Inhalte in anderen Vertiefungsrichtungen 42
3.2.4 Bewertung der Grundlagenausbildung in Bachelorstudiengängen im Bereich Baubetrieb 43
3.3 Analyse der Masterstudiengänge im Bereich Baubetrieb 44
3.3.1 Methodisches Vorgehen zur Analyse der Masterstudiengänge 44
3.3.2 Darstellung des vorhandenen Studienangebotes in der Vertiefungsrichtung Baubetrieb in Masterstudiengängen 46
3.4 Befragung von fachbezogenen Interessengruppen hinsichtlich des Bildungsbedarfes im Baubetrieb 50
3.4.1 Zielsetzung der Befragung 50
3.4.2 Methodik und Ablauf der Befragung 51
3.4.3 Ergebnisse der Unternehmensbefragung 53
3.4.4 Ergebnisse der Studierendenbefragung 60
3.4.5 Zusammenfassung der Befragung 62
3.5 Gegenüberstellung des Bildungsangebotes in Masterstudiengängen mit den Umfrageergebnissen 64
3.5.1 Allgemeiner Aufbau der Gegenüberstellung der Matrix 65
3.5.2 Auswertung der Matrix 68
3.5.3 Zusammenfassung des Bildungsmarktes sowie -bedarfes 72

4 Entwicklung des Kompetenzprofils „Führungskräfte im Baubetrieb“ 75

4.1 Vorgehen zur Definition des Kompetenzprofils „Führungskräfte im Baubetrieb“ 76
4.2 Begriff Prozess 77
4.3 Standardprozesse der Bauprojektabwicklung im Handlungsfeld der Führungskräfte im Baubetrieb 78
4.3.1 Prozesse innerhalb der Akquise 80
4.3.2 Prozesse innerhalb der Angebotsbearbeitung 81
4.3.3 Prozesse innerhalb der Vertragsphase 82
4.3.4 Prozesse innerhalb der Arbeitsvorbereitung 83
4.3.5 Prozesse innerhalb der Bauausführung 84
4.3.6 Prozesse innerhalb der Baufertigstellung 87
4.3.7 Prozesse innerhalb der Gewährleistung 88
4.3.8 Übergeordnete Aufgabenbereiche 88

4.3.9 Exemplarischer Teilprozess // Grobterminplanung im Rahmen der Angebotsphase ... 89
4.4 Theoretische Grundlagen zur Qualifikation und Kompetenz ... 93
4.4.1 Begriff Wissen ... 93
4.4.2 Begriff Qualifikation ... 93
4.4.3 Begriff Kompetenz ... 93
4.4.4 Begriff Handlungskompetenz ... 94
4.5 Kompetenzprofil „Führungskräfte im Baubetrieb“ ... 97
4.5.1 Handlungskompetenz von Führungskräften im Baubetrieb ... 97
4.5.2 Vorgehen zur Entwicklung des Kompetenzprofils ... 99
4.5.3 Exemplarische Betrachtung der notwendigen Kompetenzen im Teilprozess Grobterminplanung ... 99
4.5.4 Aufstellen der Kompetenzmatrix ... 101
4.5.5 Auswertung des Kompetenzprofils ... 103
4.5.6 Zusammenfassung des Kompetenzprofils „Führungskräfte im Baubetrieb“ ... 109

5 Kompetenzmodell zur Ausbildung von Führungskräften im Baubetrieb 111

5.1 Wesentliche Ergebnisse aus den Voruntersuchungen ... 111
5.2 Theoretische Grundlagen zum Kompetenzerwerb ... 113
5.2.1 Begriff Kompetenzerwerb ... 113
5.2.2 Wandel in der Ausbildung von der Inhaltsvermittlung zum Kompetenzerwerb ... 113
5.2.3 Gewährleistung des Kompetenzerwerbs ... 115
5.2.4 Anforderungen an Studiengänge ... 116
5.3 Vorgehen zur Entwicklung des Kompetenzmodells ... 119
5.4 Baustein I // Ausbildungskonzept ... 119
5.4.1 Rahmenbedingungen des Ausbildungskonzeptes ... 120
5.4.2 Vorgehen zur inhaltlichen Entwicklung des Ausbildungskonzeptes ... 122
5.4.3 Aufbau des Ausbildungskonzeptes ... 123
5.4.3.1 Modul 01 // Einführung und Grundlagen 126
5.4.3.2 Modul 02 // Bauverfahrenstechnik und Arbeitsschutz 127
5.4.3.3 Modul 03 // Angebots- und Vergabeprozesse 127
5.4.3.4 Praxisphase 01 128
5.4.3.5 Projektarbeit 01 128
5.4.3.6 Modul 04 // Prozesse der Arbeitsvorbereitung 129
5.4.3.7 Modul 05 // Prozesse der Bauausführung 129
5.4.3.8 Modul 06 // Prozesse nach der Bauausführung 130

5.4.3.9 Praxisphase 02 131
5.4.3.10 Projektarbeit 02 131
5.4.3.11 Modul 07 // Bauwirtschaft 132
5.4.3.12 Modul 08 // Strategische Unternehmensführung 132
5.4.3.13 Modul 09 // Sonderbereiche des Bauwesens 133
5.4.3.14 Praxisphase 03 134
5.4.3.15 Masterthesis 134
5.4.4 Curriculare Übersicht 135
5.4.5 Exemplarische Darstellung des Teilmoduls M03-2 // Angebotsbearbeitung 136
5.4.5.1 Einordnung des Teilmoduls M03-2 in das Modul M03 136
5.4.5.2 Ziel des Teilmoduls 136
5.4.5.3 Vorgehen zur Ermittlung der Teilmodulinhalte 137
5.4.5.4 Darstellung der Teilmodulinhalte 141
5.4.5.5 Überschneidung mit anderen Modulen 143
5.5 Baustein II // Wissensplattform „Netzwerk_Baubetrieb“ 145
5.5.1 Ziel der Wissensplattform 145
5.5.2 Nutzergruppen 145
5.5.3 Komponenten der Wissensplattform 146
5.5.3.1 Allgemeiner Aufbau der Wissensplattform 147
5.5.3.2 Startseite 148
5.5.3.3 Prozessmodelle und Wissensbausteine 148
5.5.3.4 Mitglieder 152
5.5.3.5 Forum 152
5.5.3.6 Jobbörse 153
5.5.3.7 Marktplatz 153
5.5.3.8 Nachrichten 153
5.5.3.9 Forschungsergebnisse und technische Innovationen 153
5.5.3.10 Weiterbildung 154
5.6 Baustein III // Berufspraxis 154
5.7 Baustein IV // Weiterbildung 155
5.7.1 Anwendungsmöglichkeit der Weiterbildungsmatrix 155
5.7.2 Ermitteln der Soll-Qualifikationen 156
5.7.3 Ermitteln der Ist-Qualifikationen 158
5.7.4 Gegenüberstellung von Soll- und Ist-Qualifikationen und Darstellung des Schulungsbedarfes 158
5.7.5 Auswahl der geeigneten Schulungsmöglichkeiten und Erstellung des Weiterbildungsprofils je Mitarbeiter 160

5.8 Zusammenfassung des Kompetenzmodells 161

6 Zusammenfassung und Ausblick **163**

6.1 Zusammenfassung 163

6.2 Ausblick 165

Literaturverzeichnis **169**

Anlagenverzeichnis **177**

Abbildungsverzeichnis

Abbildung 1: Forschungsvorgehensweise und Aufbau der Arbeit ... 6
Abbildung 2: Teilziele zur Entwicklung des Kompetenzmodells sowie dessen Bausteine ... 7
Abbildung 3: Teilziel 1 // Definition des Berufsbildes „Führungskraft im Baubetrieb“ ... 9
Abbildung 4: Zweige der Bauwirtschaft ... 9
Abbildung 5: Umsatz im Bauhauptgewerbe in Deutschland, nach Bausparten in Mio. Euro, in jeweiligen Preisen ... 11
Abbildung 6: Unternehmen und Umsätze im deutschen Bauhauptgewerbe 2012 nach Umsatzgrößenklassen in Prozent ... 12
Abbildung 7: Struktur der Beschäftigten im Bauhauptgewerbe in Deutschland 2013, Anteil an Beschäftigten insgesamt in Größenklassen in Prozent ... 13
Abbildung 8: Die „Zweipoligkeit“ des Baumarktes ... 14
Abbildung 9: Exemplarische Aufbauorganisation eines großen Bauunternehmens ... 16
Abbildung 10: Organisation eines großen Bauunternehmens mit Stabstellen und Niederlassungen ... 17
Abbildung 11: Exemplarische Aufbauorganisation eines mittleren Bauunternehmens ... 18
Abbildung 12: Exemplarische Aufbauorganisation eines kleinen Bauunternehmens ... 18
Abbildung 13: Beispielhaftes Organigramm eines Bauprojektes ... 19
Abbildung 14: Interne und externe Einflüsse auf den Unternehmensbauleiter und seine Aufgaben ... 24
Abbildung 15: Erfüllung des Teilziels 1 // Definition des Berufsbildes „Führungskraft im Baubetrieb“ ... 35
Abbildung 16: Teilziel 2 // Erhebung und Analyse des Bildungsmarktes und -bedarfes ... 37
Abbildung 17: Prozentuale Verteilung der verschiedenen Arten von Bachelorabschlüssen [n = 43] ... 41
Abbildung 18: Prozentuale Verteilung der Vollzeit- und Teilzeitstudiengänge im Bachelor [n = 43] ... 41
Abbildung 19: Prozentuale Verteilung der verschiedenen Arten von Masterabschlüssen ... 46

Abbildung 20: Prozentuale Verteilung der Vollzeit- und Teilzeitstudiengänge im Master ... 46
Abbildung 21: Prozentuale Verteilung der konsekutiven und weiterbildenden Masterstudiengänge ... 47
Abbildung 22: Beschäftigungsmöglichkeiten von Studierenden in den Unternehmen ... 54
Abbildung 23: (Denkbare) Formen der Zusammenarbeit der Unternehmen mit Hochschulen [n = 38, Mehrfachnennung möglich] ... 55
Abbildung 24: Durchführung des Masterstudiums für Führungskräfte im Baubetrieb als berufsbegleitendes Studium [n = 48] ... 56
Abbildung 25: Bereitschaft der Befragten, Mitarbeiter bei einem solchen Studiengang zu unterstützen [n = 43] ... 57
Abbildung 26: Denkbare Formen der Unterstützung von Studierenden durch Bauunternehmen [n = 37, Mehrfachnennung möglich] ... 57
Abbildung 27: Realisierung der Praxisnähe in dem Studium der befragten Studierenden [n = 301, Mehrfachnennung möglich] ... 60
Abbildung 28: Vorstellung der Befragten über die Verweildauer in der Bauleitung [n = 130] ... 62
Abbildung 29: Erfüllung des Teilziels 2 // Analyse des Bildungsmarktes sowie -bedarfes ... 72
Abbildung 30: Teilziel 3 // Entwicklung des Kompetenzprofils „Führungskräfte im Baubetrieb“ ... 75
Abbildung 31: Prozess der Bauprojektabwicklung ... 76
Abbildung 32: Hauptprozess der Bauprojektabwicklung ... 79
Abbildung 33: Prozesse innerhalb der Akquise ... 81
Abbildung 34: Prozesse innerhalb der Angebotsbearbeitung ... 82
Abbildung 35: Prozesse innerhalb der Vertragsphase ... 83
Abbildung 36: Prozesse innerhalb der Arbeitsvorbereitung ... 84
Abbildung 37: Prozesse innerhalb der Bauausführung ... 86
Abbildung 38: Prozesse innerhalb der Baufertigstellung ... 87
Abbildung 39: Prozesse innerhalb der Gewährleistung ... 88
Abbildung 40: Arbeitsstunden für den Rohbau ... 90
Abbildung 41: Teilprozess Grobterminplanung ... 92
Abbildung 42: Bestandteile der Handlungskompetenz ... 94
Abbildung 43: Zur Handlungskompetenz notwendige Kompetenzen ... 95

Abbildung 44: Vorgehen zur Definition von notwendigen Kompetenzen/Anforderungen und Zuordnung dieser zu den Kompetenzfeldern ... 99
Abbildung 45: Notwendige Kompetenzen im Rahmen der Tätigkeit „Vertragliche Meilensteine erfassen" ... 100
Abbildung 46: Zuordnung der notwendigen Kompetenzen zu den jeweiligen Kompetenzfeldern ... 100
Abbildung 47: Erfüllung des Teilziels 3 // Entwicklung des Kompetenzprofils „Führungskräfte im Baubetrieb" ... 109
Abbildung 48: Hauptziel – Erstellung des Kompetenzmodells auf Basis der erfüllten Teilziele ... 111
Abbildung 49: Rechtliche Grundlagen: Akkreditierungs-Stiftungs-Gesetz ... 117
Abbildung 50: Prozessgedanke des Ausbildungskonzeptes ... 124
Abbildung 51: Aufbau des Ausbildungskonzeptes ... 125
Abbildung 52: Unterprozess Angebotsbearbeitung ... 136
Abbildung 53: Allgemeiner Aufbau der Wissensplattform – Struktur ... 147
Abbildung 54: Darstellung des Hauptprozesses der Bauprojektabwicklung in der Wissensplattform ... 149
Abbildung 55: Darstellung des Prozesses der Angebotsbearbeitung in der Wissensplattform ... 150
Abbildung 56: Darstellung der Grobterminplanung im Rahmen der Angebotsbearbeitung in der Wissensplattform ... 151
Abbildung 57: Darstellung der weiterführenden Informationen zur Grobterminplanung in der Wissensplattform ... 152
Abbildung 58: Auswahl der auszuführenden Tätigkeiten sowie der Gewerke ... 156
Abbildung 59: Prozessorientierte Qualifikation von Führungskräften im Baubetrieb // ein Kompetenzmodell ... 164

Tabellenverzeichnis

Tabelle 1: Übersicht baubetrieblicher Studieninhalte in Bachelorstudiengängen der Vertiefungsrichtung Baubetrieb 42
Tabelle 2: Exemplarische Übersicht baubetrieblicher Studieninhalte in anderen Vertiefungsrichtungen in Bachelorstudiengängen 43
Tabelle 3: Vergleich der baubetrieblichen Module in Abhängigkeit der Vertiefungsrichtung 44
Tabelle 4: Übersicht Studiengebühren weiterbildende Masterstudiengänge ... 49
Tabelle 5: Übersicht baubetrieblicher Studieninhalte in Masterstudiengängen der Vertiefungsrichtung Baubetrieb 50
Tabelle 6: Studieninhalte mit einer Relevanz zwischen 1,0 und 1,5 58
Tabelle 7: Studieninhalte mit einer Relevanz zwischen 1,5 und 2,0 59
Tabelle 8: Studieninhalte mit einer Relevanz zwischen 2,0 und 2,5 59
Tabelle 9: Gegenüberstellung der Vorstellungen von Unternehmen und Studierenden im Hinblick auf einen Masterstudiengang im Bereich Baubetrieb und Bauwirtschaft 64
Tabelle 10: Allgemeiner Aufbau der Matrix // 1. Bereich Rahmenbedingungen des Studiengangs 65
Tabelle 11: Auszug aus dem Bewertungsschema der Studieninhalte in Abhängigkeit der Umfrageergebnisse der Unternehmensbefragung.. 67
Tabelle 12: Allgemeiner Aufbau der Matrix // 2. Bereich Inhalte der Studiengänge 68
Tabelle 13: Matrix // Gegenüberstellung des Bildungsangebotes mit den Anforderungen der fachbezogenen Interessengruppen 69
Tabelle 14: Auszug aus der Matrix // Rahmenbedingungen der Studiengänge 70
Tabelle 15: Auszug aus der Matrix // Studieninhalte, die in weniger als 50 % der betrachteten Studiengänge vermittelt werden 71
Tabelle 16: Verteilung der Absolventen der Hochschulen und Anforderungen 73
Tabelle 17: Kompetenzfelder zum Erreichen der Handlungsfähigkeit bei Führungskräften im Baubetrieb 98
Tabelle 18: Aufbau der Kompetenzmatrix // Tabellenkopf 101
Tabelle 19: Kompetenzmatrix // Auszug 102
Tabelle 20: Unterscheidungen zwischen Lehrplan- und Curriculumansatz.......114

Tabelle 21: Eignung ausgewählter Qualifizierungsmethoden zur Qualifizierung von Unternehmensbauleitern 115
Tabelle 22: Gegenüberstellung der wesentlichen Umfrageergebnisse mit den Rahmenbedingungen des Ausbildungskonzeptes 121
Tabelle 23: M01 // Einführung und Grundlagen – Aufbau und Teilmodule 126
Tabelle 24: M02 // Bauverfahrenstechnik und Arbeitsschutz – Aufbau und Teilmodule 127
Tabelle 25: M03 // Angebots- und Vergabeprozesse – Aufbau und Teilmodule 128
Tabelle 26: PP01 // Praxisphase 1 128
Tabelle 27: PA01 // Projektarbeit 1 129
Tabelle 28: M04 // Prozesse der Arbeitsvorbereitung – Aufbau und Teilmodule 129
Tabelle 29: M05 // Prozesse der Bauausführung – Aufbau und Teilmodule 130
Tabelle 30: M06 // Prozesse nach der Bauausführung – Aufbau und Teilmodule 131
Tabelle 31: PP02 // Praxisphase 2 131
Tabelle 32: PA02 // Projektarbeit 2 132
Tabelle 33: M07 // Bauwirtschaft – Aufbau und Teilmodule 132
Tabelle 34: M08 // Strategische Unternehmensführung – Aufbau und Teilmodule 133
Tabelle 35: M09 // Sonderbereiche des Bauwesens – Aufbau und Teilmodule 133
Tabelle 36: PP03 // Praxisphase 3 134
Tabelle 37: MA // Masterthesis 134
Tabelle 38: Curriculare Übersicht 135
Tabelle 39: Erweiterung der Kompetenzmatrix um die Module sowie deren Teilmodule 137
Tabelle 40: Beispiel für eine notwendige Kompetenz zur Ausübung der Tätigkeit „vertragliche Meilensteine erfassen“ 138
Tabelle 41: Exemplarischer Ausschnitt aus der Kompetenzmatrix – notwendige Kompetenzen zur Grobterminplanung sowie Zuordnung zu den Modulen 140
Tabelle 42: Themengebiete sowie Inhalte des Teilmoduls M03-2 Angebotsbearbeitung 142
Tabelle 43: Schnittstellen zu vorgelagerten Modulen 143
Tabelle 44: Schnittstellen zu nachgelagerten Modulen 144

Tabelle 45: Vorgehen zur Ermittlung der Relevanz einzelner Kompetenzfelder für den Prozess Grobterminplanung 157
Tabelle 46: Skala zur Bewertung der Ist-Qualifikation des Mitarbeiters 158
Tabelle 47: Umrechnungsfaktor der Ist-Qualifikation zur Ermittlung des Schulungsbedarfes 158
Tabelle 48: Klassifizierung des Schulungsbedarfs 159
Tabelle 49: Berücksichtigung der vorhandenen Ist-Qualifikation zur Festlegung des Niveaus der Weiterbildungsmaßnahme 159
Tabelle 50: Ermittlung des Schulungsbedarfes, -bereiches sowie -niveaus auf Basis der Relevanz sowie der Ist-Qualifikation 159

Abkürzungsverzeichnis und Akronyme

Abs.	Absatz
B.A.	Bachelor of Arts
B.Eng.	Bachelor of Engineering
B.Sc.	Bachelor of Science
BauO NRW	Landesbauordnung NRW
BBB	Bauwirtschaft, Baubetrieb und Bauverfahrenstechnik
BG BAU	Berufsgenossenschaft der Bauwirtschaft
BGB	Bürgerliches Gesetzbuch
BIM	Building Information Modeling
BRI	Brutto-Raum-Inhalt
CAD	Computer Aided Design
CP	Creditpoints
DIN	Deutsches Institut für Normung
EDV	Elektronische Datenverarbeitung
Eh	Eigenstudium
FH	Fachhochschule
GF	Geschäftsführung
HLSK	Heizung, Lüftung, Sanitär, Klima
HOAI	Honorarordnung für Architekten und Ingenieure
HS	Hochschule
ISO	Internationale Standard Organisation für Normung
LBO	Landesbauordnung
M.A	Master of Arts
M.Eng.	Master of Engineering
M.Sc.	Master of Science
MBA	Master of Business Administration
MBO	Musterbauordnung
MSR	Mess-, Steuerungs- und Regelungstechnik
n	Anzahl der Elemente in der Grundgesamtheit
NU	Nachunternehmer
OBL	Oberbauleitung
opt.	optional
Prh.	Präsenzstunden
SiGeKo	Sicherheits- und Gesundheitsschutzkoordinator
StGB	Strafgesetzbuch

TGA	Technische Gebäudeausrüstung
TH	Technische Hochschule
TU	Technische Universität
VOB/A	Vergabe- und Vertragsordnung für Bauleistungen, Teil A
VOB/B	Vergabe- und Vertragsordnung für Bauleistungen, Teil B
VOB/C	Vergabe- und Vertragsordnung für Bauleistungen, Teil C

1 Einleitung und Hintergrund

1.1 Problemstellung

Im Jahr 2013 trug das Baugewerbe mit 4,7 % zur gesamtwirtschaftlichen Bruttowertschöpfung bei, der Anteil der Bauinvestitionen am Bruttoinlandsprodukt lag bei 9.9 %. Zeitgleich waren 5,9 % aller Erwerbstätigen in Deutschland im Baugewerbe beschäftigt.[1] Demnach lässt sich festhalten, dass die Bauwirtschaft eine Schlüsselbranche in der deutschen Wirtschaft darstellt.

Zwar hat sich die Anzahl der Beschäftigten im Vergleich zum Höchststand 1995 im Jahr 2013 fast halbiert (756.000 Beschäftigte in 2013), dennoch verzeichnet das Bauhauptgewerbe seit 2006 einen Aufwärtstrend.[2] Bauunternehmen haben ihre Belegschaft wieder aufgestockt, was einerseits auf die allgemein gestiegene Bauproduktion, andererseits auf den drohenden Fachkräftemangel in der Bundesrepublik Deutschland zurückzuführen ist. Während die klassischen Berufe des Bauhauptgewerbes sowie die Ausbauberufe im weiteren Sinne seit 2006 lediglich in geringem Maße an Bedeutung gewannen, ist im Bereich der Architekten und Bauingenieure ein deutlicher Anstieg der Beschäftigten zu verzeichnen.[3]

Folglich ist die Nachfrage nach Bauingenieuren stark gestiegen – was sich in den offenen Stellen sowie in den Arbeitslosenzahlen widerspiegelt. Der Bedarf der Unternehmen kann nicht allein durch Absolventen gedeckt werden, sodass Arbeitslose wieder in ein Beschäftigungsverhältnis eintreten konnten. Der Anteil der arbeitslosen Bauingenieure ist daher von 2009 bis 2013 um 35 % gesunken, im selben Zeitraum hat die Zahl der offenen Stellen um mehr als 40 % zugelegt.[4] Dieser Trend wird auch durch die deutlich gestiegene Vakanzzeit der offenen Stellen bestätigt.[5]

Studieninteressierte haben auf diese stark gestiegene Nachfrage nach Bauingenieuren reagiert – die Zahl der Studienanfänger nimmt seit 2007 stetig zu[6] und liegt proportional deutlich über der Zahl an Studienanfängern in allen Studiengängen[7] – dennoch kann der Bedarf der Bauwirtschaft aktuell nicht gedeckt werden. Insbesondere

---

1 Vgl. Bauindustrie [Hrsg.] (2014a)
2 Vgl. Bauindustrie [Hrsg.] (2014b)
3 Vgl. Bundesagentur für Arbeit (2012), S. 15
4 Vgl. Bauindustrie [Hrsg.] (2014b)
5 Vgl. Bundesagentur für Arbeit (2012), S. 51
6 Vgl. Bauindustrie [Hrsg.] (2014c)
7 Vgl. Bundesagentur für Arbeit (2012), S. 76

im Hinblick auf den demographischen Wandel sagen Prognosen einen weiter steigenden Bedarf an Nachwuchskräften voraus.[8]

Zugleich erfolgt die Ausbildung von Nachwuchskräften im Bauingenieurwesen zum Teil am Bedarf vorbei. Untersuchungen zufolge besteht in der hochschulischen Bauingenieurausbildung eine starke Divergenz zwischen dem Ausbildungsbedarf der Unternehmen und der Verteilung der Absolventen hinsichtlich ihrer hochschulischen Ausbildungsschwerpunkte, welche in besonderem Maße im Baubetrieb zu spüren ist.[9]

Auch entscheiden sich Absolventen des Bauingenieurwesens häufig gegen den Berufseinstieg in Bauleitungstätigkeiten. Befragungen dieser Absolventen haben ergeben, dass mit der Bauleitungstätigkeit zu viel Verantwortung einhergeht, das Klima zu rau und der Arbeitsplatz zu unsicher sei. Zudem gelten Tätigkeiten in Bauunternehmen bei Hochschulabsolventen häufig als wenig innovativ und somit wenig interessant.

Betrachtet man hingegen die Meinung der Bauleiter in Unternehmen, so wird ein anderes Bild erzeugt. Zwar ist der Beruf des Bauleiters mit einer großen Verantwortung und einer unter Umständen hohen Arbeitsbelastung verbunden, doch Bauleiter schätzen die Abwechslung, die ihr Beruf mit sich bringt, identifizieren sich in hohem Maße mit ihrer Tätigkeit und entwickeln einen großen Stolz für die abgeschlossenen Bauvorhaben.[10]

Umso wichtiger erscheint es, die Studierenden auf die Vielfältigkeit des Baubetriebs aufmerksam zu machen und sie angemessen auf die – aus dem Berufsbild der Führungskräfte im Baubetrieb resultierenden – Anforderungen vorzubereiten.

Im Hinblick auf den Fachkräftemangel sowie die spezifischen Anforderungen von Bauunternehmen an ihre Nachwuchskräfte sollte die hochschulische Ausbildung nicht länger losgelöst von der Praxis erfolgen, vielmehr ist es notwendig, Hochschule und Praxis stärker zu verzahnen und (Ausbildungs-)Konzepte zu entwickeln, die sich mit den Bedürfnissen der Bauunternehmen decken.

---

8 Vgl. VDI Technologiezentrum (2011), S. 67ff

9 Vgl. Stark (2006), S.185

10 An dieser Stelle wird auf die Ergebnisse des Forschungsprojektes „EBBFü – Erhalt der Beschäftigungsfähigkeit von Baustellenführungskräften" verwiesen. EBBFü ist ein Projekt an der Bergischen Universität Wuppertal, welches gemeinsam mit dem Berufsförderungswerk der Bauindustrie NRW e.V. sowie der conpara Gesellschaft für Unternehmensberatung mbH durchgeführt wurde. Assoziierte Partner waren die Baugewerblichen Verbände. Gefördert wurde das Projekt vom Ministerium für Arbeit, Integration und Soziales des Landes Nordrhein-Westfalen. Weitere Informationen unter: http://www.ebbfue.de/

Dabei gilt es insbesondere kleinere und mittelständische Bauunternehmen zu unterstützen, die häufig weder die finanziellen noch personellen Kapazitäten besitzen, eigene Aus- und Weiterbildungsprogramme – wie beispielsweise Traineeprogramme – zu entwickeln und innerhalb der Mitarbeiterqualifikation umzusetzen.

1.2 Zielsetzung der Arbeit

Ziel dieser Arbeit ist die Entwicklung eines Lösungsansatzes, der die stärkere Verzahnung der hochschulischen Ausbildung und der baubetrieblichen Praxis gewährleistet. In diesem Zusammenhang soll ein Kompetenzmodell entwickelt werden, welches eine Qualifizierung von Führungskräften im Baubetrieb entlang des beruflichen Werdegangs ermöglicht.

Dabei werden die folgenden Aspekte innerhalb der Modellentwicklung berücksichtigt:

- Einbeziehung der Anforderungen aus der Praxis,
- Gewährleistung der Anforderungen, die an hochschulische Bildung gestellt werden,
- Ausrichtung am Prozess der Bauprojektabwicklung,
- Berücksichtigung des Arbeitsschutzes als immanenter Bestandteil der Bauprozesse,
- Einbindung von innovativen Methoden (wie Building Information Modeling) und Bauverfahren in die Ausbildung,
- Verbesserung der Kommunikation in der Bauwirtschaft sowie
- Schaffung von Möglichkeiten des lebenslangen Lernens.

Durch dieses Vorgehen besteht die Möglichkeit, den Kompetenzerwerb von Nachwuchsführungskräften im Rahmen ihrer hochschulischen Ausbildung zu gewährleisten sowie diese Kompetenzen langfristig zu erhalten und – in Abhängigkeit von geänderten Anforderungen – notwendige Kompetenzen weiter auszubauen.

Das im Rahmen dieser Arbeit entwickelte Kompetenzmodell wird zielgruppenorientiert für in Bauunternehmen tätige Führungskräfte im Baubetrieb konzipiert. Allerdings soll es hinsichtlich des methodischen Vorgehens und seiner Prozessorientierung auch auf andere Berufsbilder übertragbar sein.

1.3 Forschungsansatz

Die Ingenieurwissenschaften zählen zu den Realwissenschaften, die sich durch ein empirisches Vorgehen auszeichnen. Ziel der empirischen Forschung ist es, einen bestimmten Sachverhalt und die Auswirkungen von Änderungen innerhalb dieses Sachverhaltes wissenschaftlich zu begründen. Die im Rahmen der Realwissenschaften gewonnenen Aussagen müssen sowohl empirische als auch logische Richtigkeit besitzen.[11]

Die Realwissenschaften untergliedern sich nach zwei Aspekten. Einerseits wird zwischen experimentellen und nichtexperimentellen Realwissenschaften unterschieden, andererseits wird der theoretische oder der praktische Aspekt als Kriterium angesetzt.[12] Diese Arbeit zählt zu den nichtexperimentellen Realwissenschaften, die praktische Ziele – also die Gestaltung eines konkreten Systems – zur Zielsetzung hat.

Im Rahmen dieser Arbeit wird – aufbauend auf der Klärung der theoretischen Grundlagen der Berufsbilder im Baubetrieb – zunächst der Status quo des Bildungsmarktes sowie -bedarfes in Deutschland analysiert. Auf Basis detaillierter Prozessanalysen auf Baustellen erfolgt anschließend die Definition des Kompetenzprofils „Führungskräfte im Baubetrieb". Daraus ableitend wird das Kompetenzmodell zur Ausbildung von Führungskräften im Baubetrieb entwickelt, welches neben der hochschulischen Ausbildung auch Aspekte des lebenslangen Lernens beinhaltet. Der unter 1.4 dargestellte Aufbau dieser Arbeit spiegelt die Forschungsvorgehensweise wider.

1.4 Forschungsvorgehensweise

Die vorliegende Arbeit gliedert sich in sechs Kapitel.

Kapitel 1 zeigt die aktuellen Probleme, die sich aus dem Mangel an Bauingenieuren ergeben, und die daraus resultierenden Herausforderungen für Bauunternehmen auf und erläutert die weitere Vorgehensweise im Rahmen dieser Arbeit.

Daran schließt sich im **Kapitel 2** eine kurze Darstellung der Berufsbilder im Baubetrieb an, wobei neben der allgemeinen Struktur und Organisation der Bauwirtschaft in Deutschland auf die Aufbaustrukturen von Bauunternehmen sowie die Berufsbilder von Führungskräften im Baubetrieb eingegangen wird.

Das aktuelle Bildungsangebot sowie der Bildungsbedarf in Deutschland werden in **Kapitel 3** betrachtet. Zunächst wird die Struktur des baubetrieblichen und bauwirtschaftlichen Bildungsmarktes unter Berücksichtigung des aktuell vorhandenen Angebotes

[11] Vgl. Girmscheid (2004), S. 104
[12] Vgl. Girmscheid (2004), S. 104

an Bachelor- und Masterstudiengängen analysiert. Anschließend erfolgt – mithilfe von Befragungen von Studierenden und Unternehmen der Bauwirtschaft sowie ergänzenden Workshops mit Unternehmensvertretern – die Erfassung des Bildungsbedarfs im Bereich von Masterstudiengängen. Die Umfrageergebnisse werden dem Angebot an Masterstudiengängen im Baubetrieb gegenübergestellt.

Die Entwicklung des Kompetenzprofils „Führungskräfte im Baubetrieb“ erfolgt in **Kapitel 4**. Hierzu werden auf Basis von durchgeführten Ist-Prozessanalysen in Bauunternehmen und den daraus abgeleiteten Standardprozessen im Handlungsbereich der Führungskräfte im Baubetrieb die Arbeitsaufgaben der Führungskräfte ermittelt. Aus diesen Arbeitsaufgaben ergeben sich notwendige Kompetenzen, die ihren entsprechenden Kompetenzfeldern zugeordnet werden. Diese Kompetenzfelder ergeben in ihrer Gesamtheit das Kompetenzprofil.

Aufbauend auf dem in **Kapitel 3** identifizierten Optimierungspotenzial innerhalb der hochschulischen Ausbildung von Führungskräften im Baubetrieb sowie dem in **Kapitel 4** erarbeiteten Kompetenzprofil wird in **Kapitel 5** die Entwicklung des Kompetenzmodells vorgenommen. Dieses gliedert sich in vier Bausteine, wobei das Ausbildungskonzept für zukünftige Führungskräfte im Baubetrieb die zentrale Komponente darstellt. Ergänzt wird das Modell durch die Konzeptionierung einer Wissensplattform, die Betrachtung der Berufspraxis sowie die Entwicklung einer Weiterbildungsmatrix zur Identifizierung von Weiterbildungsbedarfen im Sinne des lebenslangen Lernens.

Eine Zusammenfassung der Ergebnisse sowie einen Ausblick auf weiteren Forschungsbedarf enthält das **Kapitel 6**.

Die systematische Vorgehensweise ist in der Abbildung 1 zusammengefasst.

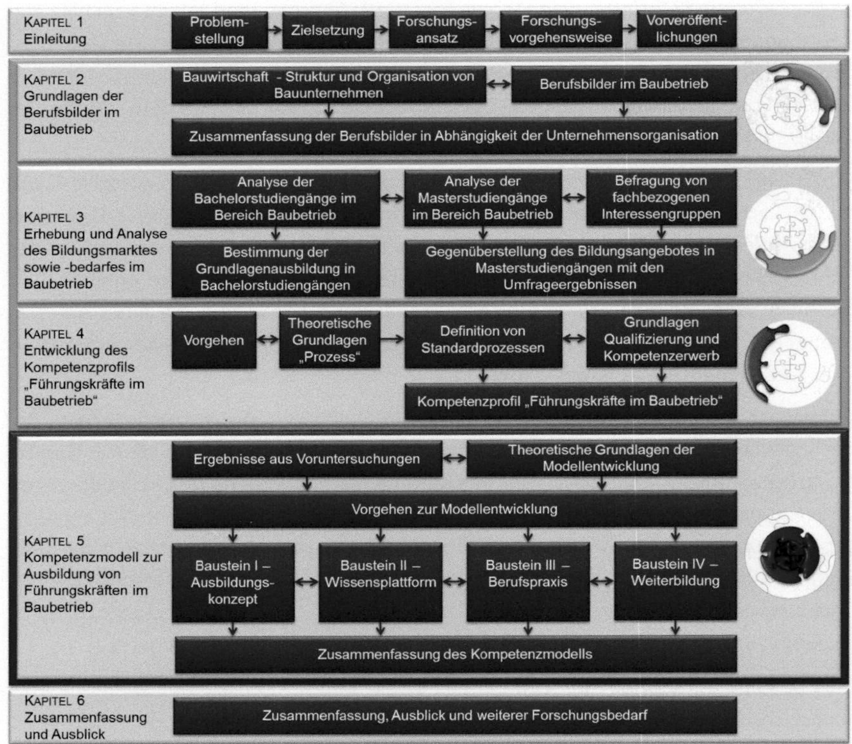

Abbildung 1: Forschungsvorgehensweise und Aufbau der Arbeit

Durch diese Vorgehensweise wird gewährleistet, dass die relevanten Rahmenparameter des Berufsbildes, die Anforderungen aus dem Bildungsbedarf sowie die zur Ausübung der Bauleitungsaufgaben relevanten Kompetenzen als Eingangsgrößen in der Modellbildung berücksichtigt werden. Innerhalb dieses Rahmens erfolgt anschließend die Entwicklung der vier Bausteine, die zusammen das Kompetenzmodell ergeben. Dieser Sachverhalt ist der Abbildung 2 zu entnehmen.

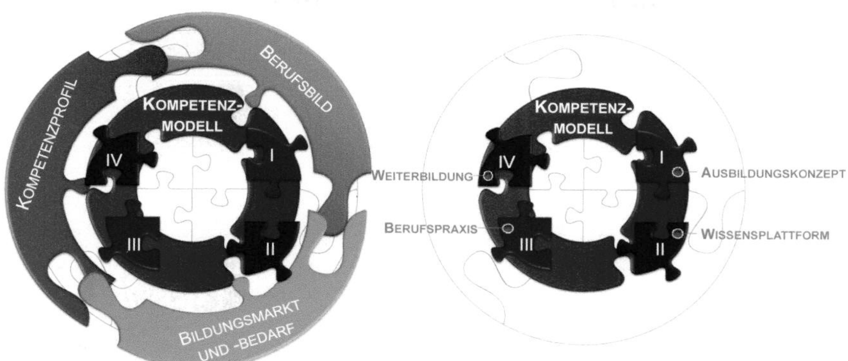

Abbildung 2: Teilziele zur Entwicklung des Kompetenzmodells sowie dessen Bausteine

1.5 Vorveröffentlichungen

Diese Arbeit entstand am Lehr- und Forschungsgebiet Baubetrieb und Bauwirtschaft der Bergischen Universität Wuppertal im Rahmen des Forschungsprojektes „Initiierung eines berufsbegleitenden Masterstudiengangs ‚Bauprozessmanagement mit Arbeitsschutz als integralem Bestandteil'". Gefördert wurde das Projekt von der Berufsgenossenschaft der Bauwirtschaft (BG BAU).

Zur Gewährleistung der Praxisnähe und der Integration des Arbeitsschutzes wurden die Ergebnisse in Fachkreisen mit Vertretern der BG BAU sowie der Bauwirtschaft intensiv diskutiert. Im Rahmen dieses Projektes wurden Entwicklungen und Ergebnisse der vorliegenden Arbeit teilweise vorveröffentlicht (Anlage 1).

Die Erkenntnisse der Auftragsforschung für die SEAR GmbH im Rahmen des Forschungsprojektes „Entwicklung einer komplexen Technologie für die umfassende Prozess- und Ablaufautomatisierung auf Großbaustellen" fanden in dieser Arbeit Berücksichtigung. Das Projekt wurde durch das Ministerium für Wirtschaft, Arbeit und Tourismus des Landes Mecklenburg-Vorpommern gefördert, die Projektbearbeitung erfolgte für die Ist-Prozessanalysen sowie die Entwicklung von Standard-Soll-Prozessen der Bauprojektabwicklung federführend durch die Verfasserin.

2 Theoretische Grundlagen der Berufsbilder im Baubetrieb

Ziel dieses Kapitels ist es, die theoretischen Grundlagen der Berufsbilder im Baubetrieb darzustellen und so das erste Teilziel zur Entwicklung des Kompetenzmodells zu erreichen.

Abbildung 3: Teilziel 1 // Definition des Berufsbildes „Führungskraft im Baubetrieb“

Zur Ermittlung des Berufsbildes werden zunächst die allgemeine bauwirtschaftliche Lage in Deutschland sowie die Strukturen und Organisationen von Unternehmen im Bauhauptgewerbe in Abhängigkeit der Unternehmensgröße betrachtet. Die Bedeutung des Arbeitsschutzes als integraler Bestandteil der Berufsbilder im Baubetrieb wird dabei gesondert dargestellt.

Anschließend erfolgt die Darstellung und Zusammenfassung der unterschiedlichen Berufsbilder im Baubetrieb auf Basis einer Literaturrecherche.

2.1 Bauwirtschaft in Deutschland // Struktur von Unternehmen im Bauhauptgewerbe

Die Bauwirtschaft wird in verschiedene Zweige eingeteilt, die der Abbildung 4 zu entnehmen sind:

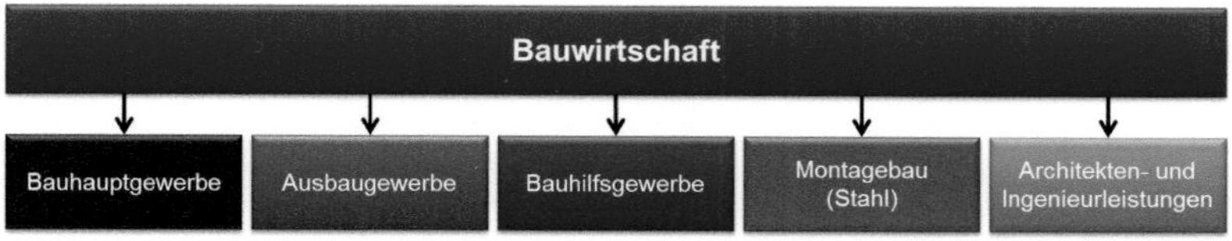

Abbildung 4: Zweige der Bauwirtschaft[13]

[13] In enger Anlehnung an Stark (2006), S. 4

Im Fokus der nachfolgenden Betrachtungen steht der Zweig des Bauhauptgewerbes, wobei einige Aussagen und Feststellungen auch für die weiteren Zweige gelten.

Die Bauwirtschaft ist – wie auch eine Vielzahl anderer Industriezweige – in besonderem Maße von konjunkturellen Schwankungen betroffen. Diese starke Abhängigkeit ergibt sich aufgrund der Tatsache, dass die Bauwirtschaft auf eine Nachfrage durch potenzielle Auftraggeber angewiesen ist und nicht bzw. nur bedingt die Möglichkeit hat, einen Angebotsmarkt aufzubauen, wie es beispielsweise in der Mobiltelefonindustrie der Fall ist. GRALLA schreibt in diesem Zusammenhang:

> *„Die Bauindustrie tritt i.d.R. als Bereitschaftsindustrie auf, die ihre Kapazitäten bereit hält, um jederzeit flexibel auf die Wünsche des Marktes, also auf die der Auftraggeber reagieren zu können. Das bedeutet, dass zwar die marktwirtschaftlichen Komponenten ‚Angebot' und ‚Nachfrage' existieren, aber nur insoweit, als dass die Unternehmen der Bauindustrie auf die Nachfrage des Auftraggebers warten müssen, ehe sie aktiv werden können."*[14]

Die Bauwirtschaft lässt sich ferner in drei Sparten untergliedern:

- Wohnungsbau
- Wirtschaftsbau
- Öffentlicher Bau[15]

Nachdem der Umsatz im Bauhauptgewerbe seit 1995 stark rückläufig war und im Jahre 2005 seinen Tiefpunkt erreichte, konnte in den letzten Jahren ein Aufschwung der Baukonjunktur verzeichnet werden. Auch wenn der Umsatz des Bauhauptgewerbes aktuell noch nicht wieder die Umsatzstärke von 1995 erreicht hat, so ist doch eine deutliche Steigerung von 2005 bis 2013 zu verzeichnen.

---

[14] Gralla (2008) S. 1

[15] Vgl. hierzu auch Berner et al. (2007), S. 9

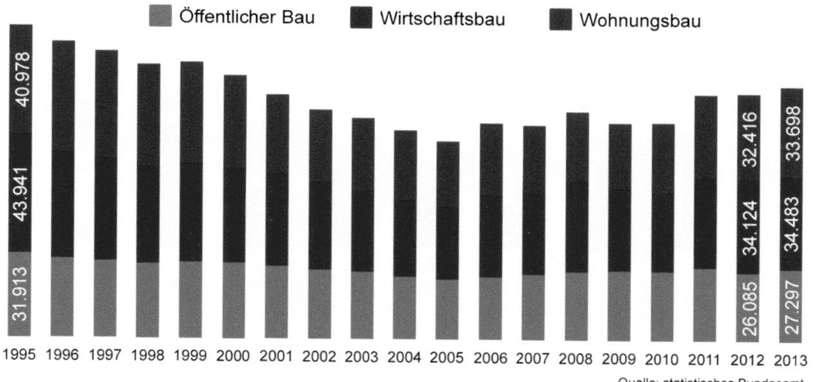

Abbildung 5: Umsatz im Bauhauptgewerbe in Deutschland, nach Bausparten in Mio. Euro, in jeweiligen Preisen[16]

Die Entwicklungen im Wirtschaftsbau spiegeln am ehesten die gesamtwirtschaftliche Konjunkturentwicklung wider, denn Wirtschaftsbauten stehen im direkten Zusammenhang mit der Investitionsbereitschaft der Unternehmen der Industrie. Sie stellen somit einen Indikator für geplante Produktionssteigerungen sowie Absatzerwartungen der jeweiligen Unternehmen dar.[17]

OEPEN spricht von einer wichtigen Rolle der Bauwirtschaft innerhalb der gesamten deutschen Volkswirtschaft. So tragen – wie bereits erwähnt – die Bauinvestitionen auf der Nachfrageseite rund 10 % pro Jahr zum Bruttoinlandsprodukt bei. Diese Tatsache wird auf der Angebotsseite dadurch widergespiegelt, dass jedes neunte Unternehmen in Deutschland ein Bauunternehmen ist.[18]

Neben der konjunkturellen Lage sowie der Bedeutung der Bauwirtschaft spielt auch die Struktur der Bauunternehmen eine große Rolle für die nachfolgenden Betrachtungen des Bedarfs und der Anforderungen an eine praxisorientierte Ausbildung von Führungskräften im Baubetrieb. Die Struktur der Unternehmen des deutschen Bauhauptgewerbes gestaltet sich sehr heterogen.

---

16 In enger Anlehnung an Bauindustrie [Hrsg.] (2014d)
17 Vgl. Gralla (2008), S. 3
18 Vgl. Oepen (2014), S. 13

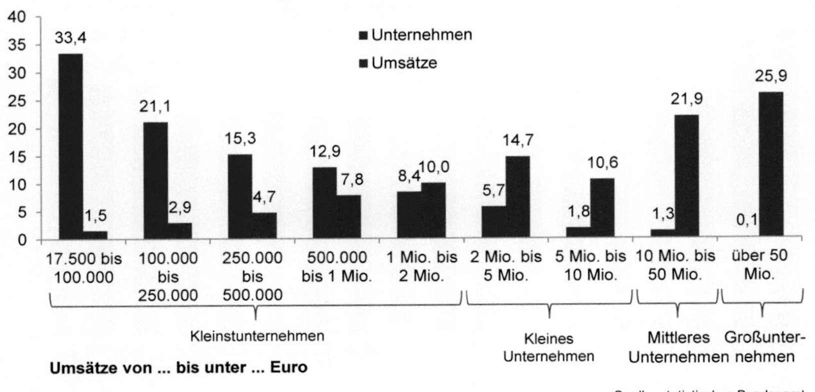

Abbildung 6: Unternehmen und Umsätze im deutschen Bauhauptgewerbe 2012 nach Umsatzgrößenklassen in Prozent[19]

Während 33,4 % der Unternehmen zu den Kleinstunternehmen zählen, die lediglich einen Umsatz zwischen 17.500 bis 100.000 € erwirtschaften und mit einem prozentualen Anteil von 1,5 % zum Gesamtumsatz beitragen, konnten sich im Jahr 2012 lediglich 0,1 % der Unternehmen zu den Großunternehmen mit einem Umsatz von über 50 Mio. € zählen, wobei von diesen Unternehmen ein Anteil von 25,9 % des Gesamtumsatzes im deutschen Bauhauptgewerbe erwirtschaftet werden konnte.

In den letzten Jahren lässt sich jedoch ein Strukturwandel im deutschen Bauhauptgewerbe verzeichnen. Die Anzahl der Beschäftigten hat sich um fast 50 % von 1,412 Millionen im Jahr 1995 auf 756 Tausend im Jahr 2013 verringert.[20] Während 1995 noch rund 18,1 % der Beschäftigten in Betrieben mit 200 und mehr Mitarbeitern angestellt waren und 27,3 % in Kleinstunternehmen mit 1 bis 19 Beschäftigten, so waren im Jahr 2013 lediglich 8,7 % in großen Betrieben und 47,5 % in Kleinstunternehmen tätig.[21] Die Strukturen der deutschen Bauwirtschaft sind demnach eher klein- bis mittelständisch geprägt. Die Entwicklung der Unternehmensstrukturen von 1995 bis 2013 zeigt, dass die Bedeutung der kleinen und mittelständischen Unternehmen weiter ansteigt.

---

19 In enger Anlehnung an Bauindustrie [Hrsg.] (2014e)

20 Vgl. Bauindustrie [Hrsg.] (2014f). Für das Jahr 2014 prognostiziert der Hauptverband der Deutschen Bauindustrie einen weiteren Anstieg der Beschäftigtenzahlen im Bauhauptgewerbe auf 768 Tausend.

21 Vgl. Bauindustrie [Hrsg.] (2014f)

Gemäß GRALLA stellt die Prägung der deutschen Bauwirtschaft durch kleine und mittelständische Unternehmen ein *„signifikantes Merkmal für diesen Wirtschaftszweig"*[22] dar.

Unter anderem in Abhängigkeit der Unternehmensgröße ergeben sich die unterschiedlichen Unternehmensformen, in denen Bauunternehmen organisiert sein können. Die wesentlichen Unternehmensformen sind in diesem Zusammenhang:

- Einzelfirma,
- Personengesellschaften,
- Kapitalgesellschaften sowie
- Aktiengesellschaften.[23]

Bedingt durch die unterschiedlichen Beschäftigtenzahlen sowie die zum Einsatz kommenden Unternehmensformen ergeben sich entsprechend verschiedene Beschäftigtenstrukturen, welche der Abbildung 7 entnommen werden können.

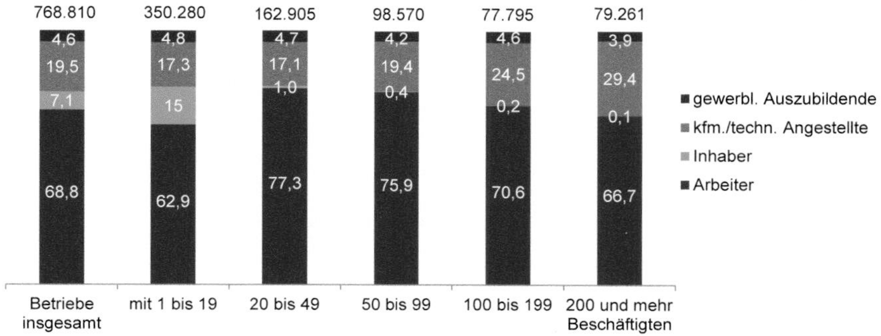

Abbildung 7: Struktur der Beschäftigten im Bauhauptgewerbe in Deutschland 2013, Anteil an Beschäftigten insgesamt in Größenklassen in Prozent[24]

Während bei großen Unternehmen mit 200 und mehr Beschäftigten das Verhältnis zwischen kaufmännischen bzw. technischen Angestellten und Arbeitern ca. 4:9 beträgt, besteht in Kleinstunternehmen mit weniger als 20 Mitarbeitern ein Verhältnis von ca. 2:7 zwischen kaufmännischen bzw. technischen Angestellten und Arbeitern. Aufgrund der geringen absoluten Anzahl an Mitarbeitern in kleinen Unternehmen nimmt

[22] Gralla (2008), S. 5
[23] Siehe hierzu Stark (2006), S. 14 ff
[24] In enger Anlehnung an Bauindustrie [Hrsg.] (2014f)

der Firmeninhaber in Kleinstunternehmen innerhalb des Anteils an Beschäftigten einen höheren prozentualen Stellenwert ein.[25]

Ein weiteres Unterscheidungskriterium der Bauunternehmen stellt die Orientierung am Nachfrage- bzw. Angebotsmarkt dar. Wie bereits erläutert, sind die Bauunternehmen in der Regel von der Nachfrage am Markt abhängig. In den letzten Jahren zeichnet sich jedoch verstärkt ein zweiter Markt in der Bauwirtschaft ab, der als Angebotsmarkt bezeichnet werden kann. Bauunternehmen beschränken sich nicht mehr ausschließlich auf die Teilnahme an Ausschreibungen, die insbesondere im öffentlichen Sektor über die Wirtschaftlichkeit – also fast ausschließlich über den Preis – vergeben werden, sie bewegen sich vielmehr in den Sektor der Dienstleistungen hinein, indem sie beispielsweise Fertighäuser in größerer Auswahl anbieten oder als Bauträger auftreten. OEPEN spricht in diesem Zusammenhang von einer *„Zweipoligkeit' des Baumarktes"*[26].

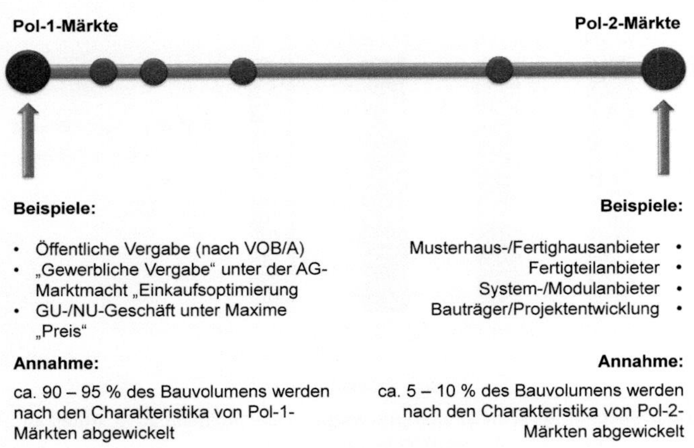

Abbildung 8: Die „Zweipoligkeit" des Baumarktes[27]

Gemäß dieser Definition der *„Zweipoligkeit' des Baumarktes"* spaltet sich dieser einerseits in den Pol-1-Markt, der sämtliche Bautätigkeiten mit der Maxime Preis umfasst, und andererseits in den Pol-2-Markt, der alternative Modelle, wie beispielsweise die Fertighausanbieter, Bauträger und Projektentwickler einschließt.[28]

---

25 Vgl. Bauindustrie [Hrsg.] (2014f)
26 Oepen (2014), S. 14
27 In enger Anlehnung an Oepen (2014), S. 15
28 Vgl. Oepen (2014), S. 14

Zusammenfassend lässt sich festhalten, dass die Größe der Bauunternehmen in Deutschland extrem heterogen ist, wobei die Kleinst- und kleinen Unternehmen im Hinblick auf die Unternehmensanzahl einen hohen Stellenwert einnehmen. Gleichzeitig wird ein Großteil des Umsatzes in Deutschland von den mittleren und großen Unternehmen erwirtschaftet. Bauunternehmen unterscheiden sich zudem hinsichtlich ihrer Marktausrichtung entweder als reine Leistungserbringer auf Nachfrage von Bauherren oder als Anbieter von eigenen Produkten wie Fertighäusern oder Bauträgertätigkeiten auf dem Markt. In Abhängigkeit dieser Faktoren ergeben sich divergierende Unternehmensstrukturen.

2.2 Organisation von Unternehmen im Bauhauptgewerbe

Bedingt durch die unterschiedlichen Unternehmensformen und -größen sowie die strategische Marktausrichtung der Bauunternehmen ergeben sich zwangsläufig divergierende Aufbauorganisationen.

Die Aufbauorganisation eines Unternehmens beschreibt die Beziehungen zwischen verschiedenen Instanzen sowie die jeweiligen Zuständigkeiten im Unternehmen, wobei die untergeordneten Organisationseinheiten immer an die übergeordneten berichten und die übergeordneten Einheiten Weisungsbefugnis gegenüber den ihnen untergeordneten Einheiten besitzen.[29] Die Aufbauorganisation kann demnach als eine *„dauerhaft wirksame aufgabenteilige organisatorische Struktur"*[30] beschrieben werden, wobei die folgenden Aspekte Bestandteil dieser Struktur sind:

- *„Zusammenfassung von (Teil-)Aufgaben, so dass das Arbeitsvolumen von einer Person bewältigt werden kann [...]*
- *Zuordnung der Aufgaben auf Personen in Form der Stellenbildung [...]*
- *Gestaltung der zur Aufgabenerfüllung erforderlichen Informationen [...]*
- *Gestaltung der Kommunikationsbeziehungen [...]*
- *Gestaltung der Leitungsbeziehungen [...]"*[31]

Werden große Bauunternehmen betrachtet, gestaltet sich die Organisationsstruktur sehr komplex. Aufgrund der Unternehmensgröße besteht die Möglichkeit, für einen Großteil der Aufgabenbereiche separate Abteilungen aufzubauen, die stark spezialisiert für die ihnen übertragenen Kompetenzen zuständig sind. So gibt es beispielsweise häufig eine Abteilung, die sich mit der Arbeitsvorbereitung im Allgemeinen beschäftigt, und eine, die für den speziellen Part der Baulogistik zuständig ist. Zudem ist

[29] Vgl. ProjektMagazin. Berleb Media GmbH [Hrsg.] (2014)
[30] John (1998), S. 8
[31] Mangler (2010), S. 8

der Bauleiter häufig neben dem Oberbauleiter einem zusätzlichen Projektleiter unterstellt. Der Aufbau eines exemplarischen großen Unternehmens ist der Abbildung 9 zu entnehmen.

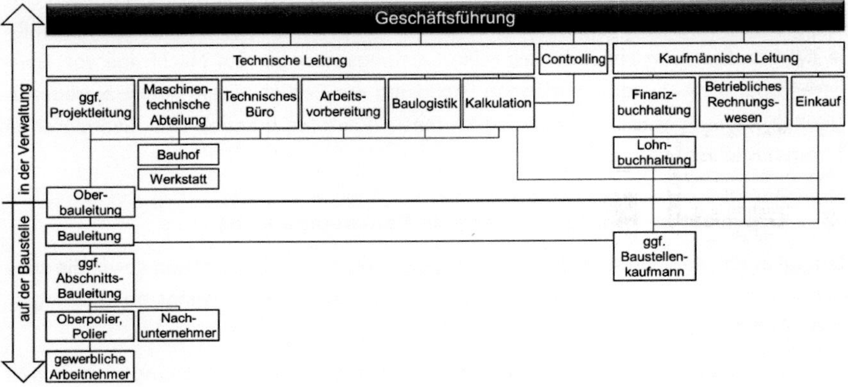

Abbildung 9: Exemplarische Aufbauorganisation eines großen Bauunternehmens[32]

Große Unternehmen mit vielen Niederlassungen richten zudem häufig Stabstellen ein, die sich um niederlassungsübergreifende Themen kümmern. Eine mögliche Struktur ist der Abbildung 10 zu entnehmen.

Die Geschäftsführung setzt sich häufig aus mehreren Geschäftsführern zusammen. Des Weiteren werden auf der Führungsebene Institutionen wie der Arbeitssicherheitsrat, der Betriebsrat, das Sekretariat, aber auch die innerbetriebliche Revision sowie strategische Abteilungen zusammengefasst. Sogenannte Stababteilungen, wie beispielsweise kaufmännische Abteilungen, das technische Büro, aber auch die Kalkulation und Arbeitsvorbereitung bzw. maschinentechnische Abteilungen werden häufig losgelöst von den einzelnen Niederlassungen eingerichtet, sodass alle Niederlassungen auf die in diesen Abteilungen vorhandenen Kompetenzen zurückgreifen können.

Die Leitungsebene wird durch die einzelnen Niederlassungen eines großen Unternehmens besetzt, die sowohl kaufmännische als auch technische Aufgaben übernehmen – wobei sie auf die STAB-Abteilungen zurückgreifen und von diesen unterstützt werden.[33]

---

32 Eigene Abbildung, weiterentwickelt nach Leimböck et al. (2011), S. 171, sowie Duve, Cichos (2010), S. 3

33 Stark (2006), S. 19 Seite nachschlagen

Unterhalb der Leitungsebene schließt sich die Ausführungsebene mit ihrer Gruppenleitung sowie gewerblichen Mitarbeitern an. Allerdings werden in größeren Bauunternehmen häufiger als in kleinen anstelle der eigenen gewerblichen Mitarbeiter Nachunternehmer eingesetzt.

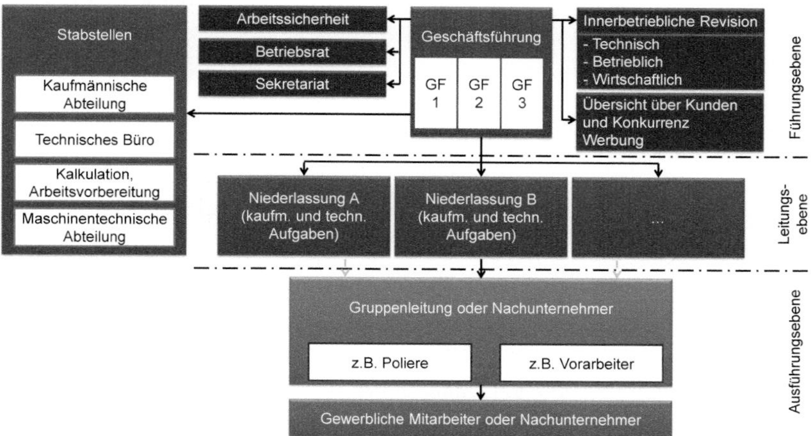

Abbildung 10: Organisation eines großen Bauunternehmens mit Stabstellen und Niederlassungen[34]

Mittelständisch geprägte Unternehmen weisen hingegen weniger stark gegliederte Organisationsstrukturen auf. So werden zum Beispiel die Aufgaben der Arbeitsvorbereitung, Baulogistik etc. unter dem Oberbegriff „Technische Abteilung" oder auch „Arbeitsvorbereitung" zusammengefasst. Dieser weniger stark strukturierte Aufbau von mittelständischen Unternehmen ist in der Abbildung 11 dargestellt.

[34] Eigene Abbildung, modifiziert nach Stark (2006), S. 19

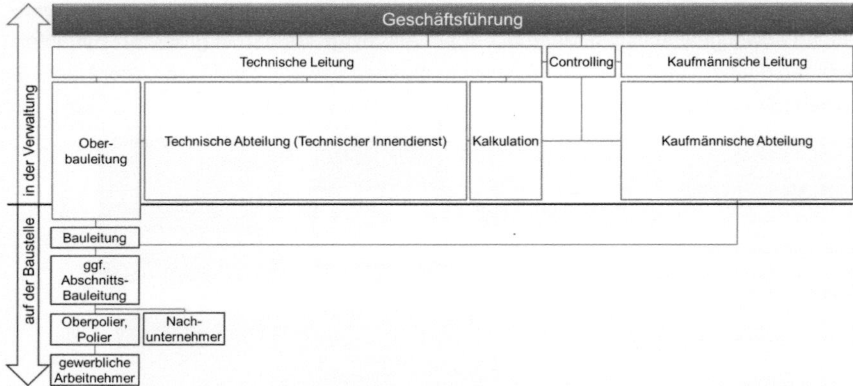

Abbildung 11: Exemplarische Aufbauorganisation eines mittleren Bauunternehmens[35]

Während mittlere Unternehmen zumindest eine – wenn auch weniger tiefe – Gliederung in verschiedene Abteilungen aufweisen, haben kleine und Kleinst-Unternehmen in der Regel keine unterschiedlichen Abteilungen für die einzelnen Aufgabenbereiche. Die Abbildung 12 zeigt eine exemplarische Aufbauorganisation eines kleinen Unternehmens.

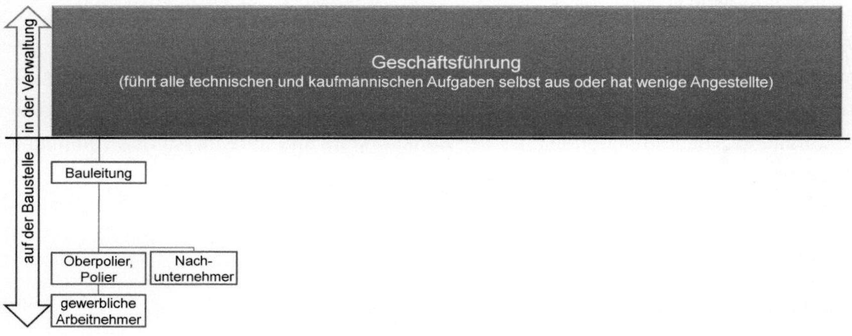

Abbildung 12: Exemplarische Aufbauorganisation eines kleinen Bauunternehmens[36]

In sehr kleinen Unternehmen nimmt häufig die Geschäftsführung zugleich die Aufgabenbereiche der Bauleitung wahr.

---

[35] Eigene Abbildung, weiterentwickelt nach Leimböck et al. (2011), S. 171, sowie Duve, Cichos (2010), S. 3

[36] Eigene Abbildung, weiterentwickelt nach Leimböck et al. (2011), S. 171, sowie Duve, Cichos (2010), S. 3

Unter Berücksichtigung der dargestellten Unterschiede der Unternehmensorganisationen im Bauhauptgewerbe sowie der zahlreichen Mischformen und Abstufungen zwischen den kleinen und großen Bauunternehmen ergeben sich zwangsläufig unterschiedliche Projektstrukturen. Die Unternehmensgröße und Unternehmensstruktur geben einen Rahmen vor, in dem es möglich ist, Projekte zu strukturieren. Gleichzeitig spielt jedoch auch die Projektgröße und -komplexität an sich bei der zu ergreifenden Projektstrukturierung eine zentrale Rolle.

Zur Darstellung von Projektstrukturen bieten sich Organigramme an, in denen einzelne Stellen mit ihren jeweiligen Verantwortlichkeiten, Kompetenzen sowie Handlungsaufgaben definiert werden. Neben der Festlegung dieser Faktoren sind jeder Stelle ein oder mehrere verantwortliche Mitarbeiter zugewiesen.[37]

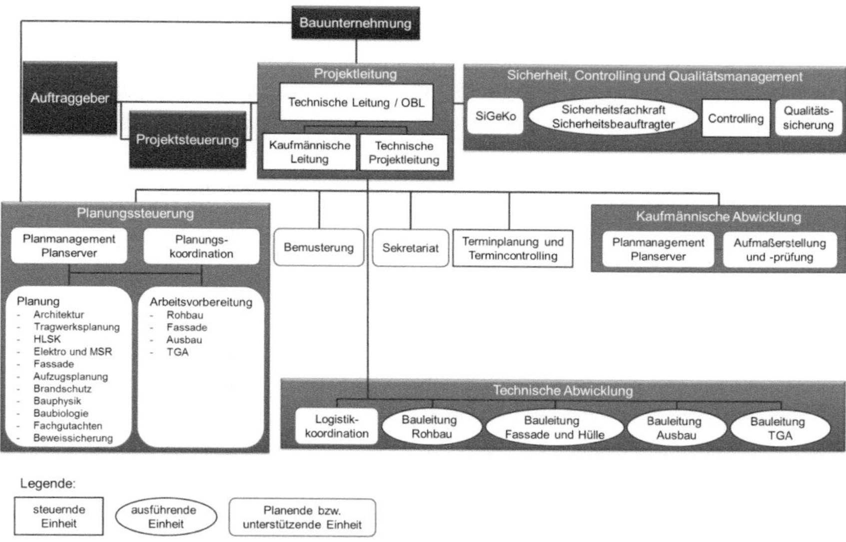

Abbildung 13: Beispielhaftes Organigramm eines Bauprojektes[38]

Je nach Unternehmens- bzw. Projektgröße variiert dieses Organigramm hinsichtlich der notwendigen sowie zur Verfügung stehenden Stellen und demnach auch der eingesetzten Mitarbeiter.

[37] Vgl. Berner, Kochendörfer, Schach (2009), S. 21

[38] Eigene Abbildung, in enger Anlehnung an Berner, Kochendörfer, Schach (2009), S. 22

Aus den unterschiedlichen Aufbauorganisationen der Bauunternehmen sowie der Bauprojekte an sich resultieren divergierende Anforderungen an die Mitarbeiter im Unternehmen. Während ein Mitarbeiter in einem großen Unternehmen in der Regel stark spezialisiert in einem Aufgabenbereich arbeitet, wird der Mitarbeiter eines kleinen Unternehmens als Generalist in allen Aufgabenbereichen des Baubetriebs eingesetzt.

Zur technischen Abwicklung stehen insbesondere bei kleinen Bauvorhaben in der Regel nicht mehrere Bauleiter für die einzelnen Gewerke zur Verfügung. Vielmehr übernimmt ein Bauleiter die Gesamtabwicklung der Baustelle und betreut – je nach Auftragsvolumen – mehrere Baustellen zeitgleich.

In Abhängigkeit der Unternehmensgröße ist der Bauleiter für weitergehende Aufgaben zuständig. Während er in kleinen Unternehmen häufig neben der eigentlichen Bauabwicklung unter anderem auch die Logistikkoordination, die Terminplanung, das Controlling sowie die Arbeitsvorbereitung übernimmt, existieren in größeren Unternehmen einzelne Abteilungen für jede Stelle innerhalb der Aufbauorganisation, sodass sich die Zuständigkeiten des Bauleiters auf die technische Abwicklung der ihm übertragenen Gewerke beschränkt.

Die Aufbauorganisation des Unternehmens steht in direktem Zusammenhang mit der Ablauforganisation, also den Prozessen im Unternehmen, welche für den Baubetrieb – insbesondere im Hinblick auf die spezifischen Anforderungen an Führungskräfte im Baubetrieb – im Kapitel 4 dezidiert erläutert werden.

Um sämtliche Einsatzbereiche von Führungskräften im Baubetrieb abdecken zu können, ist es somit unerlässlich, die Gesamtheit des Aufgabenbereiches sowie die daraus resultierenden Anforderungen zu betrachten.

2.3 Berufsbilder im Baubetrieb

Wie bereits im Kapitel 2.2 erläutert, sind deutsche Bauunternehmen sehr heterogen aufgestellt. Die Anzahl an Mitarbeitern der Bauunternehmen des Bauhauptgewerbes variiert zwischen einem und weit über 500 Mitarbeitern, wodurch sich – neben den bereits angesprochenen unterschiedlichen Unternehmens- und Projektstrukturen – zwangsläufig auch divergierende Arbeitsprofile der jeweiligen Führungskräfte im Baubetrieb ergeben.

Das Baustellenpersonal setzt sich in der Regel aus den folgenden drei unterschiedlichen Berufsbildern zusammen:

- Technisches Personal,
- Kaufmännisches Personal sowie
- Sekretariat.[39]

Nachfolgend werden die wichtigsten Arbeitsprofile des technischen Personals im Baubetrieb definiert. Da ausgehend von den unterschiedlichen Arbeitsprofilen im Baubetrieb eine für die weitergehenden Betrachtungen notwendige Definition des übergeordneten Arbeitsprofils von Führungskräften im Baubetrieb vorgenommen werden soll, werden die Tätigkeitsprofile des Personals unterhalb der Hierarchieebene der Bauleitung nicht weiter aufgegriffen.

Mithin erfolgt die Betrachtung folgender Arbeitsprofile:

- Bauleiter,
- Oberbauleiter,
- Projektleiter,
- Kalkulator,
- Arbeitsvorbereiter,
- Baulogistiker,
- Abrechner und
- Controller.

Die Einordnung dieser Arbeitsprofile in die Unternehmensstrukturen wurde bereits in Abbildung 9 dargestellt.

2.3.1 Bauleiter

Für den Begriff Bauleiter existiert keine eindeutig abgegrenzte Definition, vielmehr verbergen sich die verschiedenartigsten Aufgabenfelder, Kompetenzen und Befugnisse hinter dieser Berufsbezeichnung.

Der DUDEN definiert den Begriff Bauleiter wie folgt:

> *„jemand, der vom Bauherrn mit der Ausführung des Bauvorhabens beauftragt ist“*[40]

Der Begriff Bauleitung wird weiterhin wie folgt definiert:

> *„ 1. Leitung der Ausführung eines Baues*

---

[39] Vgl. hierzu auch Berner et al. (2009), S. 8-9

[40] Duden (2014a)

2. Kreis von Personen, die mit der Ausführung eines Baues beauftragt sind."[41]

Die allgemeine Definition der Begriffe Bauleiter und Bauleitung führt dazu, dass diese sehr unterschiedlich verwendet werden, was bereits durch die Tatsache, dass bei der Suche nach Stellenangeboten für Bauleiter die unterschiedlichsten Stellen angeboten werden, bestätigt wird. Mithin existieren Stellenangebote für das Berufsbild Bauleiter in Architekturbüros, (Bau-)Unternehmen sowie auf Bauherrenseite.[42]

So unterscheidet BIERMANN zwischen den folgenden Bedeutungen des Begriffes Bauleiter, die für unterschiedliche Aufgabenfelder verwendet werden und daher missverständlich sind:

- Unternehmensbauleiter,
- Abschnittsbauleiter,
- Bauherrenseitiger Bauleiter,
- Bauleiter für Behörden,
- Bauführer bzw. Poliere sowie
- Verantwortlicher Bauleiter gem. den jeweiligen Landesbauordnungen (LBO)[43]

Unabhängig von den verschiedenen Aufgabenfeldern steht die Bezeichnung Bauleiter für eine Person, die für die ordnungsgemäße Ausführung und Umsetzung der ihr übertragenen Bauleistungen auf der Baustelle verantwortlich ist. Dabei besitzt der Bauleiter Weisungsbefugnis gegenüber den verschiedenen Beteiligten, wie etwa dem gewerblichen Personal oder den ausführenden Nachunternehmern auf der Baustelle.[44]

Da der Aufgabenbereich des Unternehmensbauleiters im Fokus der Betrachtungen steht, wird auf dessen Einsatzbereiche, Funktionen und Kompetenzen nachfolgend detailliert eingegangen. Zunächst werden jedoch aus Gründen der Begriffsabgrenzung die Aufgabenfelder von bauherrenseitigen Bauleitern sowie Bauleitern für Behörden kurz aufgegriffen.

Der bauherrenseitige Bauleiter übernimmt innerhalb der Leistungsphase 8 der HOAI die Objektüberwachung, welche auch als Bauüberwachung bezeichnet wird.[45] Diese Aufgabe wird in der Regel einem Architekten übertragen, der im Auftrag des Bauherrn

---

41 Duden (2014b)

42 Die Suche nach dem Begriff „Bauleiter" auf einschlägigen Portalen wie z.B. www.stepstone.de liefert Ergebnisse sowohl für Bauleiter in Architekturbüros, Bauunternehmen als auch auf Bauherrenseite.

43 Vgl. Biermann (2001), S. 15-16

44 Vgl. Cichos (2007), S. 16

45 Vgl. § 3 Abs. 4 HOAI, Fassung 2013

die Überwachung der Bauausführung durchführt.[46] Die Grundleistungen[47] für das Leistungsbild „Gebäude und raumbildende Ausbauten“ sind in der Anlage 11, die gegebenenfalls beauftragten besonderen Leistungen[48] in der Anlage 2 der HOAI geregelt.[49]

Die bauherrenseitige Bauleitung vertritt somit den Auftraggeber auf der Baustelle und überwacht in dessen Interesse die vertragsgemäße Bauausführung der durch die beauftragten Unternehmen geschuldeten Leistungen. Anders als der Unternehmensbauleiter ist die bauherrenseitige Bauleitung jedoch nicht für die Leitung, Koordination und Steuerung der Baustelle zuständig.[50]

Auch in Behörden werden häufig Bauleiter beschäftigt, die die anfallenden Aufgaben im Rahmen der Bauprojektrealisierung übernehmen. Demnach entspricht das Leistungsbild von Bauleitern bei Behörden grundsätzlich dem der bauherrenseitigen Bauleitung, es können jedoch auch darüber hinausgehende Aufgaben anfallen, z.B. bei der Durchführung von Sanierungen mit eigenen Mitarbeitern.

Unternehmensbauleiter

Der Unternehmensbauleiter ist für die erfolgreiche Bauprojektabwicklung auf Seiten des Bauunternehmens verantwortlich. Er hat die vertraglich geschuldeten Leistungen innerhalb der vorgegebenen Zeit zu den vereinbarten Kosten und den geforderten Qualitäten zu erstellen. Dabei gerät der Unternehmensbauleiter häufig in einen Zwiespalt: Einerseits ist er gehalten, das Bauwerk so wirtschaftlich wie möglich im Hinblick auf das Projektergebnis (also unternehmensintern) herzustellen, andererseits muss er auch den (vertraglichen) Forderungen und Wünschen des Auftraggebers nachkommen, um die Kundenzufriedenheit und somit das Image des Unternehmens zu stärken.

> *„Qualität ist, wenn der Kunde zurückkommt und nicht das Produkt.“*[51]

STARK spricht in diesem Zusammenhang davon, dass die Vereinbarung genau dieser zwei Aspekte die *„hohe Kunst der Bauleitung“*[52] ausmache.

---

46 Vgl. Berner et al. (2009), S. 9-10

47 Als Grundleistungen werden innerhalb der HOAI Leistungen bezeichnet, die im Allgemeinen zur ordnungsgemäßen Leistungserbringung notwendig sind. Diese Leistungen müssen nicht explizit vereinbart werden, sie werden bei Beauftragung der jeweiligen Leistungsphasen automatisch zum Vertragsbestandteil.

48 Besondere Leistungen hingegen sind Leistungen, die über die allgemeinen Leistungen hinausgehen oder diese ersetzen, sodass deren Beauftragung im Einzelfall explizit zu erfolgen hat, damit sie zum Vertragsbestandteil werden.

49 Siehe hierzu § 15 HOAI „Leistungsbild Objektplanung für Gebäude, Freianlagen und raumbildende Ausbauten“, in diesem Zusammenhang das Leistungsbild der Leistungsphase 8 Objektplanung.

50 Vgl. Duve, Cichos (2010), S. 6-7

51 Quality Austria GmbH [Hrsg.] (2014)

52 Stark (2006), S. 87

Während Unternehmensbauleiter bei komplexen Bauvorhaben in der Regel lediglich ein Projekt betreuen, sind sie bei kleineren Baumaßnahmen häufig für mehrere Projekte zuständig.

Wie der Abbildung 14 zu entnehmen ist, wirken zusätzlich zu den Anforderungen und Einflüssen des Bauvorhabens an sich sowohl Einflüsse aus dem globalen Umfeld als auch aus den markt- und branchenspezifischen Bedingungen auf die Tätigkeiten des Bauleiters ein, woraus sich hohe Anforderungen an die fachliche Qualifikation sowie die Persönlichkeit des Unternehmensbauleiters ergeben.

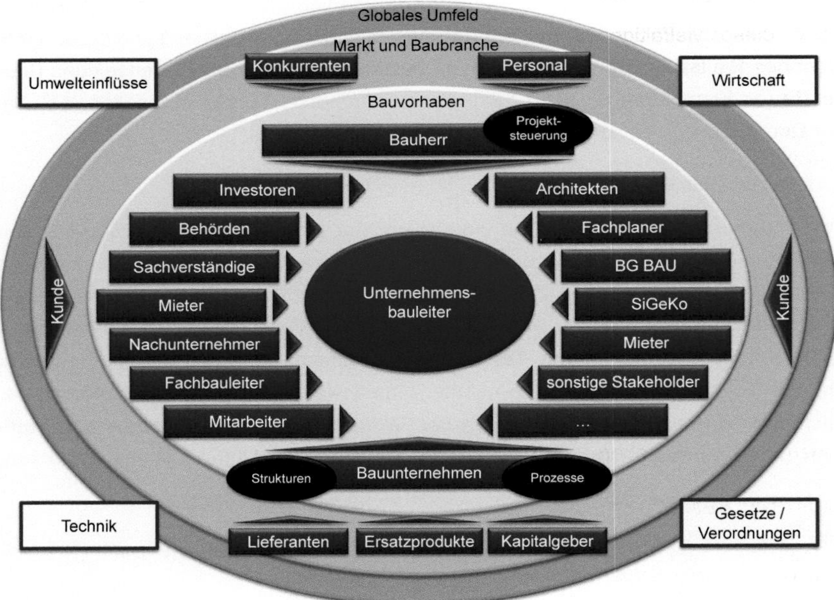

Abbildung 14: Interne und externe Einflüsse auf den Unternehmensbauleiter und seine Aufgaben[53]

Zu den täglichen Aufgaben eines Unternehmensbauleiters zählen unter anderem:

- Überwachung der Kosten, Termine und Qualitäten direkt auf der Baustelle,
- Gewährleistung des Arbeitsschutzes auf der Baustelle,
- Koordination und Steuerung der eigenen gewerblichen Mitarbeiter und/oder Nachunternehmer auf der Baustelle,
- Überwachung und Dokumentation der ausgeführten Bauleistungen,

53 Eigene Abbildung, weiterentwickelt nach Girmscheid (2010b), S. 5

- Beseitigung von Problemen jeglicher Art im Rahmen der Bauausführung,
- Teilnahme an und Führung von Besprechungen,
- Vertretung des Bauunternehmens gegenüber dem Bauherrn,
- Führen des Bautagebuchs,
- Identifizierung, Dokumentation von Behinderungen, Nachträgen usw. sowie Bewertung der terminlichen, qualitativen und monetären Auswirkungen,
- Leistungsermittlung und Mitwirkung bei der Abschlags- und Schlussrechnungsstellung sowie
- Prüfung von Nachunternehmer- und Lieferantenrechnungen.[54]

Neben diesen vielfältigen fachlichen und technischen Anforderungen benötigt der Bauleiter des Weiteren eine hohe Sozialkompetenz sowie Führungsqualitäten, da er auf der Baustelle tagtäglich mit den unterschiedlichsten Interessengruppen und Personenkreisen zusammenarbeitet und diese leiten und steuern muss. Vor allem die folgenden Soft-Skills sind für die erfolgreiche Bauleitung unabdingbar:

- souveräne Gesprächsführung und Kommunikationsfähigkeit allgemein,
- Konfliktfähigkeit und Streitschlichtungskompetenz,
- Empathiefähigkeit,
- Mitarbeiterführungskompetenz sowie
- Selbstvertrauen und Durchsetzungsvermögen.[55]

In vielen Bauunternehmen fallen – neben der eigentlichen Ausführung der Leistungen auf der Baustelle – auch Aufgaben aus der Angebots- und Arbeitsvorbereitungsphase in den Zuständigkeitsbereich des Bauleiters.

Fach- bzw. Abschnittsbauleiter

Bei großen Bauvorhaben oder komplexen Einzelgewerken kommen häufig Bauleiter zum Einsatz, die lediglich bestimmte Teilbereiche betreuen. Bauleiter, die einen bestimmten Abschnitt, wie beispielsweise die Erstellung einer von insgesamt vier Wohnanlagen, übernehmen, werden als Abschnittsbauleiter bezeichnet. Fachbauleiter hingegen sind Bauleiter, die die Bauleitung für ein bestimmtes Gewerk, z.B. die Technische Gebäudeausrüstung (TGA) übernehmen.[56]

---

[54] Vgl. hierzu auch Zilch et al. (2012), S. 854, sowie Duve, Cichos (2010), S. 6-7
[55] Vgl. hierzu auch Biermann (2001), S. 18
[56] Vgl. Duve, Cichos (2010), S. 2

Bauführer bzw. Poliere

Bauführer bzw. Poliere bilden in der Regel die Schnittstelle zwischen den Führungsaufgaben des Bauleiters und der ausführenden Einheit auf der Baustelle. Insbesondere in kleinen Bauunternehmen und bei der Abwicklung von kleinen Baumaßnahmen übernimmt der Bauführer bzw. Polier unter Umständen jedoch zusätzlich partiell oder auch vollständig die Aufgabenbereiche des Bauleiters.

Verantwortlicher Bauleiter gem. der jeweiligen Landesbauordnung (LBO)

Bei der LBO handelt es sich um einen der wesentlichen Bestandteile des öffentlichen Baurechts in Deutschland, wobei – wie der Name bereits vermuten lässt – die Landesbauordnung dem Länderrecht unterliegt. So kann die LBO von Bundesland zu Bundesland variieren. Ergänzt wird die LBO durch weitere spezifische, technische Baubestimmungen, geltende bauaufsichtlich eingeführte Normen sowie Erlasse und Durchführungsbestimmungen.[57] Die Vorschriften der LBO sind zwingend einzuhalten.

Die Musterbauordnung (MBO), die von der Bauministerkonferenz „ARGE BAU" ständig aktualisiert wird, dient dem Zweck, die unterschiedlichen Landesbauordnungen zu vereinheitlichen. Die aktuelle Fassung der MBO stammt aus dem Jahr 2002, wobei die letzten Änderungen im Jahr 2012 vorgenommen wurden.[58]

In der jeweiligen LBO wird gefordert, dass durch den Auftraggeber ein verantwortlicher Bauleiter für die Überprüfung der fachgerechten Ausführung sowie die Einhaltung der Baugenehmigung zu benennen ist.

Die BauO NRW regelt die Zuständigkeiten des verantwortlichen Bauleiters im § 59a wie folgt:

> *„1) Die Bauleiterin oder der Bauleiter hat darüber zu wachen, dass die* ***Baumaßnahme dem öffentlichen Baurecht****, insbesondere den allgemein anerkannten Regeln der Technik und den Bauvorlagen* ***entsprechend durchgeführt*** *wird, und die dafür* ***erforderlichen Weisungen*** *zu erteilen. Sie oder er hat im Rahmen dieser Aufgabe auf den* ***sicheren bautechnischen Betrieb der Baustelle****, insbesondere auf das* ***gefahrlose Ineinandergreifen der Arbeiten*** *der Unternehmerinnen oder der Unternehmer und auf die* ***Einhaltung der Arbeitsschutzbestimmungen*** *zu achten. Die Verantwortlichkeit der Unternehmerinnen oder Unternehmer bleibt unberührt.*

57 Vgl. Architektenkammer Nordrhein-Westfalen [Hrsg.] (2014)
58 Vgl. Jurion [Hrsg.] (2014)

(2) Die Bauleiterin oder der Bauleiter hat die ***Anzeigen nach § 75 Abs. 7*** *und* ***§ 82 Abs. 2*** *zu erstatten, sofern dies nicht durch die Bauherrin oder den Bauherrn geschieht.*

(3) Die Bauleiterin oder der Bauleiter muss über die für ihre oder seine Aufgabe erforderliche ***Sachkunde und Erfahrung*** *verfügen.* ***Verfügt sie*** *oder er auf einzelnen Teilgebieten* ***nicht über die erforderliche Sachkunde und Erfahrung****, so hat sie oder er dafür zu sorgen, dass* ***Fachbauleiterinnen oder Fachbauleiter herangezogen*** *werden. Diese* ***treten*** *insoweit* ***an die Stelle der Bauleiterin oder des Bauleiters****. Die Bauleiterin oder der Bauleiter hat die* ***Tätigkeit der Fachbauleiterinnen oder Fachbauleiter und ihre oder seine Tätigkeit aufeinander abzustimmen****."*[59] [Hervorhebungen durch die Verfasserin]

Der Bauherr hat – im Rahmen der Baubeginnsanzeige[60] – mindestens eine Woche vor Ausführungsbeginn den verantwortlichen Bauleiter zu benennen. Falls bereits mit Bauantragstellung das ausführende Bauunternehmen bekannt ist, besteht auch die Möglichkeit, dass der Unternehmensbauleiter als verantwortlicher Bauleiter benannt wird. Da das Bauunternehmen spätestens mit Beauftragung durch den Auftraggeber entsprechende Fachbauleitererklärungen für die ihm übertragenen Leistungen beibringen muss, wird der jeweilige Unternehmensbauleiter zum Fachbauleiter gem. LBO benannt, sodass er in jedem Fall für die Einhaltung der behördlichen Vorschriften verantwortlich ist. [61]

Durch den öffentlich-rechtlichen Charakter der dem verantwortlichen Bauleiter bzw. der jeweils benannten Fachbauleitung übertragenen Pflichten kann der jeweilige Bauleiter bei Missachtung dieser Pflichten gem. § 832 Abs. 1 BGB schadenersatzpflichtig sein. Des Weiteren können Ansprüche aufgrund Verletzung der Regeln der Baukunst gemäß § 330 StGB „Besonders schwerer Fall einer Umweltstraftat" gegen ihn erhoben werden.[62]

Aufgrund der großen Verantwortung, die dem verantwortlichen Bauleiter, aber auch den jeweiligen Fachbauleitern übertragen wird, ist das Wissen über die aus dieser Funktion resultierenden Pflichten sowie deren anschließende Umsetzung auf der Baustelle von größter Bedeutung.

---

[59] Landesbauordnung – § 59a BauO NRW
[60] Gem. § 73 Abs. 8 LBO
[61] Vgl. Biermann (2001), S. 16
[62] Vgl. Berner et al. (2009), S. 11

2.3.2 Oberbauleiter

Die Funktion des Oberbauleiters ist nicht in allen Bauunternehmen existent, insbesondere in kleinen Unternehmen mit einer geringen Anzahl an einzelnen, kleineren Projekten wird in der Regel auf den Einsatz eines Oberbauleiters verzichtet.

Anders verhält sich dies jedoch in größeren Unternehmen, in denen dem Bauleiter in der Regel eine Oberbauleitung übergeordnet ist. Diese trägt gegenüber der Geschäftsleitung die Gesamtverantwortung. Anders als der Bauleiter, der für die Organisation und Ausführung der Leistungen auf der Baustelle verantwortlich ist, übernimmt der Oberbauleiter übergeordnete Aufgaben der Koordinierung, Steuerung und Verwaltung.[63]

Entsprechend wird der Oberbauleiter beispielsweise mit den folgenden Aufgaben betraut:

- Akquiseaufgaben,
- Teilnahme an Vertragsverhandlungen mit potenziellen Bauherren,
- detailliertes Vertragsstudium,
- Überwachung der Kosten- und Terminschiene und Eingreifen bei Abweichungen,
- Verfassen von besonders relevantem Schriftverkehr, ggf. unter Einbeziehung des Bauleiters,
- Nachtragsverhandlungen sowohl mit Nachunternehmern als auch mit dem Bauherrn und
- Erstellen der Nachkalkulation.[64]

Ähnlich wie der Unternehmensbauleiter kann auch der Oberbauleiter in Abhängigkeit der Projektgröße für mehrere Bauvorhaben gleichzeitig zuständig sein.

2.3.3 Projektleiter

Bauunternehmen definieren den Begriff des Projektleiters und die damit einhergehenden Aufgabenprofile sehr heterogen. Während in einigen Aufbauorganisationen der Projektleiter in der Hierarchieebene oberhalb des Oberbauleiters angeordnet ist, dieser mithin die übergeordnete Projektkoordinierung übernimmt[65], verwenden andere Unternehmen den Begriff des Projektleiters als Synonym für den Unternehmensbauleiter. Gängig ist ebenso die Verwendung des Begriffes Projektleiter als Synonym für

63 Vgl. Duve, Cichos (2010), S. 3
64 Vgl. Helmus in Zilch et al. (2012), S. 854
65 Vgl. Berner, Kochendörfer, Schach (2009), S. 11

die Oberbauleitung. Die Funktion des Projektleiters ist in kleinen Unternehmen meist nicht vorhanden.[66]

2.3.4 Kalkulator

Der Kalkulator führt die Angebotskalkulation durch. Da Kalkulationen in der Regel auf vergleichbaren Erfahrungswerten aus vergangenen Projekten beruhen, ist es sinnvoll, dass der Kalkulator über eine entsprechende Berufserfahrung verfügt und die Fähigkeit besitzt, die im Auftragsfall auszuführenden Leistungen in ihrer Gesamtheit zu überblicken.

Die Aufgabenbereiche, die der Kalkulator dabei abzudecken hat, sind technischer und auch kaufmännischer Natur. Während die Grundlagenermittlung und Sichtung der technischen Vorbemerkungen, die Festlegung der Bauverfahren, die Massenermittlung sowie die Ermittlung der notwendigen Teilleistungen beispielsweise zu den technischen Aufgaben gehören, lassen sich Tätigkeiten wie die Kostenermittlung pro Mengeneinheit, die Festlegung von Zuschlagssätzen und die Auswertung von Nachunternehmerangeboten den kaufmännischen Aufgaben zuordnen. Diese Aufgaben werden in kleinen Unternehmen häufig durch eine Person, unter Umständen den Geschäftsführer, ausgeführt, der auch für die Bauleitung zuständig ist. In mittelständischen und großen Unternehmen sind die technischen und kaufmännischen Aufgabenbereiche hingegen getrennt und in der Regel in zwei unterschiedlichen Abteilungen angesiedelt.[67]

So ist die technische Abteilung – häufig auch als technischer Innendienst bezeichnet – für die Aufstellung der Kalkulation zuständig, während die Ausschreibung von Nachunternehmerleistungen oder aber die Anfrage von Material- und Gerätekosten über die kaufmännische Abteilung läuft. Auch an dieser Stelle sind die verschiedensten Mischformen in Abhängigkeit der Unternehmensgröße und -organisation anzutreffen.

Bei komplexen Bauvorhaben – wie beispielsweise Schlüsselfertigprojekten oder innerstädtischen Baulückenbebauungen – müssen häufig bereits während der Angebotskalkulation Leistungen erbracht werden, die zum Aufgabengebiet der Arbeitsvorbereitung oder Baulogistik gehören.

Zentrale Aufgabe des Kalkulators ist es, sämtliche Erkenntnisse, die im Rahmen der Angebotsbearbeitung durch die beteiligten Personen bzw. Abteilungen gewonnen werden, zusammenzufassen und kostenmäßig zu bewerten. Dafür müssen die weiteren

---

[66] Vgl. Berner, Kochendörfer, Schach (2009), S. 19
[67] Vgl. Leimböck et al. (2011), S. 170

Beteiligten diese Erkenntnisse so aufbereiten, dass der Kalkulator diese in die Angebotskalkulation einpflegen kann.[68]

Darüber hinaus hat der Kalkulator die im Bauprojekt enthaltenen Risiken zu identifizieren, zu analysieren und transparent zu dokumentieren, sodass im Anschluss an die Bauprojektkalkulation auf Geschäftsführungsebene eine valide Preisfindung stattfinden kann.

2.3.5 Arbeitsvorbereiter

Die Arbeitsvorbereitung – in einigen Unternehmen auch allgemein unter dem Begriff technische Abteilung oder technischer Innendienst zusammengefasst – hat die Aufgabe, die Bauleitung bei der Vorbereitung der Bauausführung im Allgemeinen und im Speziellen bei besonders komplizierten Bauverfahren, Sondervorschlägen oder komplexen Rahmenbedingungen der Baustelle zu unterstützen.

HELMUS spricht in diesem Zusammenhang davon, dass aufgrund des hohen Anteils an Lohnkosten sowie der Geräteintensität im Rahmen der Bauwerkserstellung eine größtmöglich geplante Arbeitsvorbereitung zwingend notwendig ist. Dennoch ist diese Erkenntnis bis heute häufig nicht hinreichend bei den verantwortlichen Personen im Baugewerbe verankert. Dies betrifft insbesondere Unternehmen des Mittelstands. HELMUS weist darauf hin, dass sich das Baugewerbe diesbezüglich stark von Unternehmen anderer Industriezweige – beispielsweise der Automobilindustrie – unterscheide, die schon lange die Arbeitsvorbereitung als integralen Bestandteil ihrer Betriebs- und Prozessorganisationen erkannt und eingeführt haben.[69]

2.3.6 Baulogistiker

In großen Bauunternehmen existieren zum Teil separate Abteilungen, die sich mit der Planung und Abwicklung der Logistik auf Baustellen beschäftigen. Dieser Bereich hat in den letzten Jahren – aufgrund der immer komplexer werdenden Bauprozesse sowie Bestrebungen der Just-in-Time-Lieferung von Baumaterialien – insbesondere bei innerstädtischen Baumaßnahmen mit geringen Lagerplatzmöglichkeiten und verkehrstechnischen Problemen innerhalb der Stadt immer mehr an Bedeutung gewonnen. Neben der Versorgung der Baustelle sind auch Themen der Entsorgung, der Baustellensicherheit sowie der Baustelleneinrichtung häufig in entsprechenden Baulogistikabteilungen angesiedelt, wobei Letzteres auch in den Zuständigkeitsbereich der Arbeitsvorbereitung fallen kann.

---

[68] Vgl. Girmscheid (2010a), S. 83
[69] Vgl. Helmus in Zilch et al. (2012), S. 856

Da viele Unternehmen – insbesondere kleine und mittelständische – keine entsprechenden Kapazitäten zur Planung und Umsetzung dieser Leistungen haben, bieten mittlerweile verschiedene Unternehmen die Baulogistik als Dienstleistung an.[70]

2.3.7 Abrechner

Viele Unternehmen verfügen über Abrechner, die dem Bauleiter bei der Abrechnung direkt zuarbeiten und ihn so entlasten. Insbesondere bei der gem. § 4 VOB/A als Regelfall vorgesehenen Abrechnung nach Einheitspreisen[71] ist der Aufwand für die Aufmaßerstellung, Mengenermittlung und Rechnungserstellung in Abhängigkeit der Komplexität des Bauwerks unter Umständen sehr hoch.[72]

Der Abrechner erstellt zunächst das Aufmaß, wobei in den Allgemeinen Regelungen für Bauarbeiten jeder Art, ATV DIN 18299 VOB/C, Abschnitt 5 festgelegt ist, dass die Leistungen aus Zeichnungen ermittelt werden können, insofern diese den tatsächlich ausgeführten Leistungen entsprechen. Ist dies nicht der Fall, so ist ein Aufmaß auf der Baustelle anzufertigen.[73] Aufgrund von Bausolländerungen und zur Überprüfung der vertraglich geschuldeten Leistungen werden die Aufmaße in der Praxis jedoch häufig gemeinsam vom Auftraggeber und Auftragnehmer angefertigt.[74]

Auf Basis des Aufmaßes kann die Mengenermittlung vorgenommen werden, wobei der Abrechner die vertraglichen Abrechnungsbestimmungen sowie im Falle eines VOB/B Vertrages gem. § 14 Abs. 3 die Abrechnungsbestimmungen der jeweils gültigen technischen Vertragsbedingungen zu berücksichtigen hat.[75] Die Rechnungsstellung erfolgt anschließend auf Basis der Mengenermittlung und den vertraglich vereinbarten (Einheits-)Preisen sowie etwaigen vereinbarten Nachtragspositionen.

2.3.8 Controller

Der Begriff „Controlling“ wird fälschlicherweise häufig im Sinne von Kontrolle bzw. Überwachung interpretiert, dabei beinhaltet ein gutes Unternehmenscontrolling neben der überwachenden Funktion insbesondere planende und steuernde Aufgaben. Das Controlling hat Ziele vorzugeben, deren Erreichung zu überwachen und bei erkennbaren Abweichungen frühzeitig steuernd einzugreifen. Damit unterstützt das Controlling

---

[70] An dieser Stelle sind Unternehmen wie die Fa. ProWaste GmbH, Streiff Baulogistik oder bauserve GmbH zu nennen.

[71] Vgl. DIN (2012), S. 3

[72] Vgl. Berner, Kochendörfer, Schach (2009), S. 21

[73] Vgl. DIN (2012), S. 135

[74] Vgl. Duve, Cichos (2010), S. 188

[75] Vgl. DIN (2012), S. 120

einerseits die operative Unternehmensführung, andererseits die strategische Unternehmensführung.[76] *„Das Controlling muss dabei signalisieren, wo ein Risiko oder eine Gefahr im Unternehmen besteht und die Zusammenhänge zwischen Umsatz, Kosten und Gewinn aus dem Ruder laufen."*[77]

Auch die Bauwirtschaft hat mittlerweile erkannt, dass das Controlling für eine dauerhafte Sicherung der Wettbewerbsfähigkeit und des Unternehmenserfolges unumgänglich ist. Insbesondere aufgrund der in den letzten Jahren zum Teil schlechten bauwirtschaftlichen Lage hat das Controlling für Bauunternehmen immer mehr an Bedeutung gewonnen, um – trotz der geringen Gewinnspannen der Unternehmen bei gleichzeitig häufig hoher Risikobehaftung von Projekten – am Markt bestehen zu können.[78]

OEPEN weist auf die Wichtigkeit hin, ein Controlling innerhalb der Unternehmen der Bauwirtschaft zu implementieren. Dabei müssen die spezifischen Rahmenbedingungen und Besonderheiten der Baubranche angemessen berücksichtigt werden. Ansonsten kann das eingesetzte Controlling-Instrument nicht die gewünschte Wirkung erzielen.[79]

LEIMBÖCK definiert das Controlling dabei wie folgt:

„Damit umfasst das Controlling den gesamten Prozess der zielorientierten Planung, Kontrolle und Steuerung und beinhaltet im Einzelnen:

- *Erarbeiten von Plan- und Istwerten.*
- *Feststellung von Abweichungen zwischen geplanten und eingetretenen Situationen.*
- *Eine sorgfältige Abweichungsanalyse.*
- *Soweit erforderlich müssen neue Planwerte erarbeitet werden.*
- *Festlegung von Maßnahmen zur Erreichung neuer Planwerte."*[80]

2.4 Arbeitsschutz als integraler Bestandteil der Berufsbilder im Baubetrieb

Dem Arbeitsschutz ist in allen Berufsbildern im Baubetrieb ein zentraler Stellenwert zuzuordnen. Im Jahr 2012 wurden je 1.000 Vollarbeiter im Baugewerbe 65 meldepflichtige Arbeitsunfälle erfasst, demnach hat jeder 15. Vollarbeiter in diesem Jahr einen meldepflichtigen Arbeitsunfall gehabt.[81]

---

[76] Vgl. Brecht (2012), S. 19
[77] Noé (2013), S. 7
[78] Vgl. Leimböck et al. (2011), S. 5
[79] Vgl. Oepen (2002), S. 6
[80] Leimböck et al. (2011), S. 5
[81] Vgl. baua (2012a), S. 32

Die Betrachtung der Anzahl an tödlichen Arbeitsunfällen im Baugewerbe verschärft dieses Bild. Während rund 6 % aller Erwerbstätigen in Deutschland im Baugewerbe tätig sind[82], haben Auswertungen der tödlichen Arbeitsunfälle in den Jahren 2001 bis 2010 ergeben, dass im Mittel rund ein Fünftel (21,6 %) der tödlichen Arbeitsunfälle über alle Wirtschaftszweige auf das Bauhauptgewerbe entfallen; betrachtet man das Bauhauptgewerbe, Ausbau- und Bauhilfsgewerbe (8,8 %) sowie die Zimmerei und Dachdeckerei (5,7 %) zusammen, steht jeder dritte tödliche Arbeitsunfall im Zusammenhang mit Bautätigkeiten.[83]

Berücksichtigt man den Unfallhergang, so ist festzuhalten, dass rund jeder dritte tödliche Unfall durch Abstürzen von einem Gebäude oder von Geräten wie Gerüsten, Leitern, Transportmitteln etc. erfolgt. Das aktive Aufprallen bzw. passive Getroffenwerden (24,3 %) sowie die Folgen von Quetschungen (17,1 %) stellen weitere Unfallvorgänge dar, die besonders häufig zu einem tödlichen Arbeitsunfall führen.[84]

Häufig sind derartige schwere Arbeitsunfälle auf organisatorische Mängel zurückzuführen, bei denen die Baustellenführungskraft – vielfach aus Unwissenheit – nicht ihrer Verantwortung nachgekommen ist.

Durch die einschlägigen gesetzlichen Regelungen im Arbeitsschutzgesetz (ArbSchG) ist festgelegt, dass der Arbeitgeber seine Grundpflichten zum Treffen, Überprüfen sowie ggf. Anpassen der erforderlichen Maßnahmen zur Einhaltung des Arbeitsschutzes[85] auf Beschäftigte übertragen kann. Der Arbeitgeber hat bei der Übertragung von Aufgaben und Verantwortlichkeiten zu prüfen, *„ob die Beschäftigten befähigt sind, die für die Sicherheit und den Gesundheitsschutz bei der Aufgabenerfüllung zu beachtenden Bestimmungen und Maßnahmen einzuhalten“*[86]. Sinnvoll ist es, diese Übertragung von Verantwortlichkeiten schriftlich zu fixieren.

Der Arbeitsschutz im Unternehmen ist demnach als *„Querschnittsaufgabe, die sich durch den gesamten Betrieb und durch alle Abteilungen zieht“*[87], zu verstehen. Sie verbindet alle Ebenen im Unternehmen mit einer Linienverantwortung, sodass neben dem Unternehmer auch die Bauleiter – innerhalb ihres Zuständigkeitsbereichs – Verantwortung für die Einhaltung des Arbeitsschutzes tragen. Die Verantwortung einer Führungskraft ergibt sich häufig z.B. durch einschlägige Regelungen im Arbeitsvertrag,

---

82 Vgl. Bauindustrie [Hrsg.] (2014a)
83 Vgl. baua (2012b), S. 5
84 Vgl. baua (2012b), S. 8
85 Vgl. ArbSchG (1996), § 3
86 ArbSchG (1996), § 7
87 Wolters Kluwer Deutschland [Hrsg.] (2014a)

betriebliche Organigramme, Entscheidungsbefugnis oder Übernahme dieser Tätigkeiten und besteht auch ohne ausdrückliche (schriftliche) Übertragung dieser auf die Person.[88]

Aus diesen Pflichten resultieren – bei vorwerfbarem Verhalten der zuständigen Person –vielfältige rechtliche Verantwortungen. Neben arbeitsrechtlichen Konsequenzen durch die Verletzung der arbeitsvertraglichen Nebenpflicht, welche je nach Schwere des Verstoßes bis zur Kündigung führen kann, ermittelt bei schuldhaft durch Dritte verursachten Unfällen mit Personenschäden oder Unfällen mit Todesfolge die Staatsanwaltschaft.[89]

Folglich resultiert aus Unfällen neben dem persönlichen Leid des Verunfallten und den wirtschaftlichen Einbußen durch Arbeitsausfall für das Unternehmen unter Umständen auch eine persönliche Haftung des Führungspersonals. Um diesen Folgen entgegenzuwirken, gilt es, den Arbeitsschutz bereits frühzeitig in die Planungsprozesse des Bauprojektes einzubinden und durch entsprechend qualifizierte Führungskräfte auf der Baustelle umzusetzen, zu überwachen und die getroffenen Maßnahmen bei Bedarf anzupassen.

2.5 Zusammenfassung der Berufsbilder im Baubetrieb

Die im Kapitel 2.3 vorgestellten Berufsbilder im Baubetrieb stehen im direkten Zusammenhang mit der Größe und Struktur der Bauunternehmen im Allgemeinen sowie der Organisationsstruktur der Baustellen im Speziellen. Soll eine Betrachtung losgelöst von diesen Einflussfaktoren erfolgen, ist es sinnvoll, die unterschiedlichen Berufsbilder zusammenzufassen. Dieses übergeordnete Berufsbild wird als „Führungskraft im Baubetrieb" bezeichnet und umfasst demnach sämtliche Aufgabenbereiche und Tätigkeiten, die im Baubetrieb auf Auftragnehmerseite anfallen, ungeachtet des jeweiligen Unternehmensaufbaus, der Unternehmensstruktur sowie -organisation.

[88] Vgl. Wolters Kluwer Deutschland [Hrsg.] (2014a)
[89] Vgl. Wolters Kluwer Deutschland [Hrsg.] (2014b)

Abbildung 15: Erfüllung des Teilziels 1 // Definition des Berufsbildes „Führungskraft im Baubetrieb"

Eine Führungskraft im Baubetrieb kann demnach in allen technischen Abteilungen bzw. Bereichen eingesetzt werden. Dafür muss eine Führungskraft im Baubetrieb unter anderem die folgenden Aufgabenfelder beherrschen:

- Aufgaben der Kalkulationsabteilung,
- Aufgaben der Arbeitsvorbereitung sowie der Baulogistik,
- Aufgaben der (Ober-)Bauleitung,
- operatives Baustellencontrolling,
- Mitarbeiterführung sowie
- Aufgaben des Arbeitsschutzes im Sinne eines integralen Bestandteiles sämtlicher Aufgabenfelder im Bauunternehmen.

Auf diese sowie weitere Aufgabengebiete innerhalb des Handlungsfeldes einer Führungskraft im Baubetrieb wird in Kapitel 4 eingegangen.

3 Erhebung und Analyse des Bildungsmarktes sowie -bedarfes im Baubetrieb

Voraussetzung für die bedarfsorientierte Entwicklung eines Kompetenzmodells zur Ausbildung von Führungskräften im Baubetrieb ist die Analyse der bereits vorhandenen Ausbildungsangebote einerseits sowie die Darstellung des Ausbildungsbedarfes der Unternehmen sowie Studierenden andererseits. Dabei wird die Analyse bezogen auf das in Kapitel 2 definierte Berufsbild der Führungskraft im Baubetrieb vorgenommen.

Ziel dieses Kapitels ist es somit, den Bildungsmarkt und -bedarf zu bestimmen. Die Betrachtung des Bildungsmarktes beschränkt sich dabei auf das hochschulische Ausbildungsangebot in Deutschland.

Abbildung 16: Teilziel 2 // Erhebung und Analyse des Bildungsmarktes und -bedarfes

3.1 Vorgehen zur Erhebung und Analyse des Bildungsmarktes und -bedarfes im Baubetrieb

Mit Einführung der gestuften Studienstruktur (Bachelor- und Masterstudiengänge) wurde die deutsche Hochschulpolitik weitreichend organisatorisch und inhaltlich reformiert.[90]

Bachelor- und Masterabschlüsse stellen in diesem Zusammenhang jeweils eigenständige, berufsqualifizierende Hochschulabschlüsse dar, wobei *„Bachelorstudiengänge [...] die für die Berufsqualifizierung notwendigen wissenschaftlichen Grundlagen, Methodenkompetenz und berufsfeldbezogenen Qualifikationen vermitteln"*[91] müssen. Ziel

---

[90] Vgl. Kultusministerkonferenz (2003), S. 1
[91] Kultusministerkonferenz (2003), S. 1

von Bachelorstudiengängen ist es demnach, eine *„breite wissenschaftliche Qualifizierung“*[92] sicherzustellen.

Masterstudiengänge hingegen *„dienen der fachlichen und wissenschaftlichen Spezialisierung“*[93], wobei sie auf dem ersten, berufsqualifizierenden Bachelorabschluss aufbauen.

Zur Analyse des aktuell vorhandenen Studienangebotes sowie der Definition von Bedarfen erfolgt im ersten Schritt eine Darstellung der vorhandenen Studiengänge mit der Vertiefungsrichtung Baubetrieb in der deutschen Hochschullandschaft. Da es sich – wie bereits dargestellt – bei Bachelorstudiengängen um eine breit aufgestellte Ausbildung handelt, während in Masterstudiengängen eine hohe Spezialisierung erfolgt, liegt der Fokus dieser Betrachtungen auf der Analyse des vorhandenen Masterstudienangebotes. Nichtsdestotrotz ist es für die Entwicklung des Kompetenzmodells notwendig, die vorhandenen Bachelorstudiengänge zu analysieren, da Masterstudiengänge auf diesen Grundlagen aufbauen.[94]

Der Analyse des Bildungsmarktes schließt sich die Erhebung des Bildungsbedarfes an, welche mittels Onlinebefragungen von Unternehmen und Studierenden sowie Workshops mit Unternehmen der Bauwirtschaft durchgeführt wird.

In Kapitel 3.5 erfolgt die Gegenüberstellung des identifizierten Bildungsangebotes mit den Umfrageergebnissen der fachbezogenen Interessengruppen, sodass abschließend das Optimierungspotenzial im Rahmen der Ausbildung von Führungskräften im Baubetrieb dargestellt werden kann.

3.2 Analyse der Bachelorstudiengänge im Bereich Baubetrieb

Ziel dieses Kapitels ist die Gewinnung eines Gesamtüberblickes über das vorhandene Studienangebot von Bachelorstudiengängen im Bereich Baubetrieb. Hierfür wird zunächst das methodische Vorgehen vorgestellt. Anschließend erfolgt die Darstellung des vorhandenen Studienangebotes im Bereich Baubetrieb. In einem kurzen Exkurs werden die baubetrieblichen Studieninhalte in anderen Vertiefungsrichtungen betrachtet. Abschließend erfolgt eine Bewertung der Grundlagenausbildung in Bachelorstudiengängen im Bereich Baubetrieb.

[92] Kultusministerkonferenz (2010), S. 5

[93] Kultusministerkonferenz (2010), S. 5

[94] Sowohl die relevanten Bachelor- als auch Masterstudiengänge werden bei den nachfolgenden Betrachtungen anonymisiert mithilfe von Buchstaben dargestellt.

3.2.1 Methodisches Vorgehen zur Analyse der Bachelorstudiengänge

Um aus der Vielzahl der am deutschen Bildungsmarkt angebotenen Bachelorstudiengänge die Studiengänge im Bereich des Baubetriebs zu filtern, wurde zunächst unter Zuhilfenahme von einschlägigen Online-Suchmaschinen[95] nach Studiengängen mit den Stichwörtern „Bauingenieurwesen“ sowie „Wirtschaftsingenieurwesen Bau“ gesucht.

Auf diese Weise konnten insgesamt 116 Bachelorstudiengänge identifiziert werden. Da diese Studiengänge jedoch nicht alle den Fokus auf das Fachgebiet Baubetrieb legen, erfolgte nachfolgend eine 2-stufige Selektion dieser 116 Bachelorstudiengänge.

Die Übersicht aller betrachteten Studiengänge sowie die entsprechende Selektion dieser ist der Anlage 2 zu entnehmen.

STUFE 1 – GROBSELEKTION:

Bachelorstudiengänge, die bereits dem Titel nach nicht in den Bereich Baubetrieb fallen, werden direkt aus den weiteren Betrachtungen ausgeschlossen. Die Studiengänge, bei denen anhand des Studientitels ein direkter Bezug zum Baubetrieb erkennbar ist, und solche, bei denen über den Titel keine Aussagen zu den Vertiefungsbereichen getroffen werden können, werden in der Stufe 2 – der Feinselektion – detaillierter betrachtet.

Im Rahmen dieser Grobselektion konnten 24 Studiengänge als für die weiteren Betrachtungen nicht relevant identifiziert werden. 86 Studiengänge konnten über die Betrachtung des Studientitels keiner Vertiefung zugeordnet werden und mussten somit weitergehend analysiert werden. Lediglich bei 6 Studiengängen wurde bereits dem Studientitel nach ein direkter Bezug zum Baubetrieb hergestellt.

STUFE 2 – FEINSELEKTION

Bei Studiengängen, in denen die möglichen Schwerpunkte nicht aufgrund des Titels erkennbar sind, werden ferner Recherchen bezüglich der möglichen Vertiefungsrichtungen/Studienschwerpunkte durchgeführt. Für den Fall, dass kein entsprechend breites Angebot an Baubetriebs- und Bauwirtschaftsmodulen verfügbar – also keine Vertiefungsrichtung Baubetrieb vorhanden ist, erfolgte der Ausschluss dieser Studiengänge von den weitergehenden Betrachtungen.

---

[95] Abfrage über: http://www.werde-bauingenieur.de/hochschulen.php, http://www.bachelor-vergleich.com/, http://kursnet-finden.arbeitsagentur.de/kurs/index.jsp, sowie http://www.hochschulkompass.de/, Zeitpunkt der Abfrage: April bis Juni 2013

51 der insgesamt 116 betrachteten Studiengänge verfügen über einen Schwerpunkt im Baubetrieb und werden anschließend unter Zuhilfenahme von öffentlich zur Verfügung stehenden Informationsmaterialien wie Studienverlaufsplänen, Modulhandbüchern, Flyern etc. hinsichtlich ihrer Studieninhalte analysiert.[96]

Die Auswertung des Studienangebotes an baubetrieblichen Inhalten wird dabei auf Basis von sieben Themengebieten vorgenommen, welche die Aufgabengebiete der Führungskräfte im Baubetrieb abdecken:

- Baubetrieb,
- Bauverfahren,
- Bauwirtschaft,
- Baurecht,
- soziale Kompetenzen,
- Schlüsselfertigbau sowie
- Arbeitsschutz.

Bewertet wird, ob Schwerpunkte in den sieben Themengebieten vorhanden sind. Da von den 51 Bachelorstudiengängen acht duale Studiengänge inhaltlich zu 100 % mit dem entsprechenden Vollzeit-Studium übereinstimmen, erfolgt bei der inhaltlichen Bewertung keine doppelte Betrachtung dieser Studiengänge. Demnach reduziert sich hier die Anzahl an betrachteten Studiengängen auf 43.

3.2.2 Darstellung des vorhandenen Studienangebotes in der Vertiefungsrichtung Baubetrieb in Bachelorstudiengängen

Nachfolgend werden die wesentlichen Ergebnisse der Auswertung des vorhandenen Studienangebots in der Vertiefungsrichtung Baubetrieb in Bachelorstudiengängen dargestellt, die gesamte Auswertung ist der Anlage 2 zu entnehmen.

Art des Abschlusses

Mit 65 % der betrachteten Studiengänge schließt ein Großteil mit dem Abschluss „Bachelor of Engineering" ab, für die verbleibenden 35 % wird der Abschluss „Bachelor of Science" vergeben. Der Abschluss „Bachelor of Arts" ist im Bereich des Studienangebotes in der Vertiefungsrichtung Baubetrieb und Bauwirtschaft nicht vorhanden.

[96] Die Übersicht über die zur Verfügung stehenden und somit genutzten Informationsunterlagen ist der Anlage A2-3_verwendete_Studieninformationen_Bachelorstudiengänge zu entnehmen.

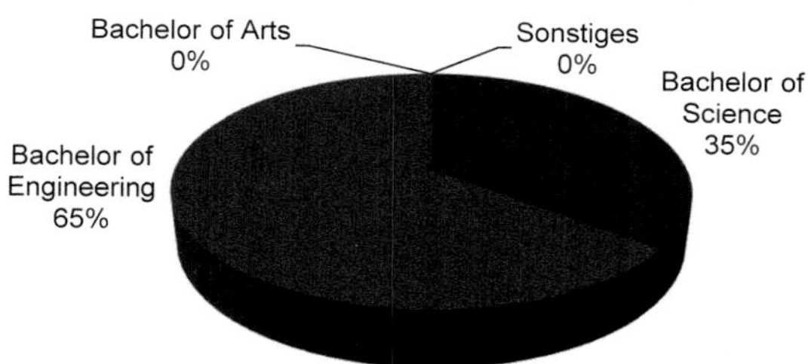

Abbildung 17: Prozentuale Verteilung der verschiedenen Arten von Bachelorabschlüssen [n = 43]

STUDIENSTRUKTUR

Die Mehrzahl der betrachteten Studiengänge ist als Vollzeit-Studiengang konzipiert (72 %). Lediglich 18 % der Studiengänge werden dual angeboten, was bedeutet, dass zusätzlich zu dem Erwerb des akademischen Abschlusses eine Berufsausbildung in einem anerkannten Ausbildungsberuf des Baugewerbes erworben wird. Weitere 6 % werden als duales Studium ohne Ausbildung, aber mit integrierten Praktika angeboten, und 4 % der Studiengänge können in Teilzeit bzw. berufsbegleitend absolviert werden.

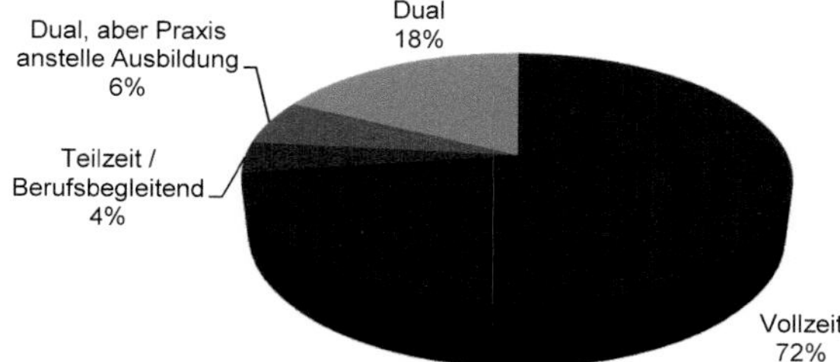

Abbildung 18: Prozentuale Verteilung der Vollzeit- und Teilzeitstudiengänge im Bachelor [n = 43]

BAUBETRIEBLICHE STUDIENINHALTE IN BACHELORSTUDIENGÄNGEN

Im Rahmen der Betrachtung der baubetrieblichen Studieninhalte ist festzuhalten, dass in allen 43 Studiengängen sowohl Studieninhalte des Baubetriebs, der Bauverfahren, der Bauwirtschaft sowie des Baurechts gelehrt werden, wobei die Anzahl der angebotenen Module stark schwankt. Während im Bachelorstudiengang „G“ vier Module unter dem Oberbegriff Baubetrieb angeboten werden, bietet die Universität des Studiengangs „Z“ ein Modul mit dem Titel Baubetrieb sowie eins mit dem Titel IT-Anwendungen im Baubetrieb an.

Bei den exemplarisch betrachteten Sondergebieten Soziale Kompetenzen, Schlüsselfertigbau sowie Arbeitsschutz ist die Ausbildung der Studierenden im Bachelorstudium sehr heterogen aufgestellt.

Module im Bereich des Arbeitsschutzes sind in rund 44 %, Module aus dem Bereich Soziale Kompetenzen lediglich bei rund 23 % der betrachteten Studiengänge Bestandteil der Ausbildung. Schlusslicht der betrachteten Module stellt die Veranstaltung Schlüsselfertigbau mit rund 16 % dar.

Die Tabelle 1 gibt eine Übersicht über die Verteilung der baubetrieblichen Module in den (anonymisierten) Studiengängen.[97]

Module	Studiengang																																											Prozentuale Auswertung
	A	B	C	D	E	F	G	H	I	J	K	L	M	N	O	P	Q	R	S	T	U	V	W	X	Y	Z	AA	AB	AC	AD	AE	AF	AG	AH	AI	AJ	AK	AL	AM	AN	AO	AP	AQ	
Baubetrieb	x	x	x	x	x	x	x	x	x	x	x	x	x	x	x	x	x	x	x	x	x	x	x	x	x	x	x	x	x	x	x	x	x	x	x	x	x	x	x	x	x	x	x	100,00%
Bauverfahren	x	x	x	x	x	x	x	x	x	x	x	x	x	x	x	x	x	x	x	x	x	x	x	x	x	x	x	x	x	x	x	x	x	x	x	x	x	x	x	x	x	x	x	100,00%
Bauwirtschaft	x	x	x	x	x	x	x	x	x	x	x	x	x	x	x	x	x	x	x	x	x	x	x	x	x	x	x	x	x	x	x	x	x	x	x	x	x	x	x	x	x	x	x	100,00%
Baurecht	x	x	x	x	x	x	x	x	x	x	x	x	x	x	x	x	x	x	x	x	x	x	x	x	x	x	x	x	x	x	x	x	x	x	x	x	x	x	x	x	x	x	x	100,00%
Soziale Kompetenzen	x							x					x	x										x	x			x						x								x	x	23,26%
Schlüssel-fertigbau	x							x								x											x														x	x	x	16,28%
Arbeitsschutz	x							x			x					x		x			x	x					x		x	x		x	x	x	x	x		x			x	x	x	44,19%

Tabelle 1: **Übersicht baubetrieblicher Studieninhalte in Bachelorstudiengängen der Vertiefungsrichtung Baubetrieb**

3.2.3 Exkurs: Baubetriebliche Inhalte in anderen Vertiefungsrichtungen

Da ein Grundlagenwissen im Bereich Baubetrieb zur Grundausbildung der Studierenden des Bauingenieurwesens zählt, sind auch innerhalb von anderen Vertiefungsrichtungen – wie beispielsweise dem konstruktiven Ingenieurbau – Grundlagenmodule aus dem Bereich Baubetrieb anzutreffen. Nachfolgend werden – stellvertretend für alle anderen Vertiefungsrichtungen – sechs exemplarische Studiengänge betrachtet.[98]

[97] Die Studiengänge wurden in diesem Zusammenhang anonymisiert.

[98] Auch diese Studiengänge wurden im Rahmen der Auswertung anonymisiert dargestellt.

Module	Studiengang						Prozentuale Auswertung
	A	B	C	D	E	F	
Baubetrieb	x	x	x				50,00%
Bauverfahren	x	x	x		x		66,67%
Bauwirtschaft		x	x		x	x	66,67%
Baurecht	x	x	x	x	x		83,33%
Soziale Kompetenzen					x		16,67%
Schlüssel-fertigbau							0,00%
Arbeitsschutz						x	16,67%

Tabelle 2: Exemplarische Übersicht baubetrieblicher Studieninhalte in anderen Vertiefungsrichtungen in Bachelorstudiengängen

Wie der Tabelle 2 zu entnehmen ist, variieren Art und Anzahl der baubetrieblichen Grundlagenmodule in den anderen Vertiefungsrichtungen sehr stark in Abhängigkeit des betrachteten Studiengangs.

In fünf der sechs betrachteten Studiengänge wird Wissen im Bereich Baurecht vermittelt, in vier Studiengängen Bauwirtschaft sowie Bauverfahren. In drei Studiengängen existiert ein Modul Baubetrieb, lediglich in einem Studiengang werden Themen des Arbeitsschutzes und der Sozialen Kompetenzen angeboten. Das Modul Schlüsselfertigbau wird in keinem der exemplarisch betrachteten Studiengänge anderer Vertiefungsrichtungen vermittelt.

3.2.4 Bewertung der Grundlagenausbildung in Bachelorstudiengängen im Bereich Baubetrieb

Die Grundlagenausbildung in Bachelorstudiengängen im Bereich Baubetrieb ist sehr heterogen aufgestellt. Allen Studierenden, die einen Studiengang bzw. eine Vertiefungsrichtung des Baubetriebs gewählt haben, werden Kenntnisse in den Bereichen Baubetrieb, Bauverfahren, Bauwirtschaft sowie Baurecht vermittelt. Allerdings variiert die Anzahl – und somit auch der quantitative Umfang – dieser Module stark zwischen den baubetrieblichen Studiengängen. Zudem werden identische oder ähnliche Module innerhalb der verschiedenen Studiengänge mit unterschiedlich vielen Creditpoints (CP) bewertet, sodass sich auch hier eine Variation des quantitativen Umfangs vermuten lässt.

Studierende, die eine andere Vertiefung als den baubetrieblichen Bereich gewählt haben, bekommen aufgrund der geringen Anzahl an baubetrieblichen Modulen wenig baubetriebliche Grundkenntnisse vermittelt.

Die Unterschiede zwischen den Studiengängen verstärken sich bei der Betrachtung von Spezialthemen. So erlangen nicht einmal 50 % der Studierenden von baubetrieblichen Studiengängen Kenntnisse des Arbeitsschutzes, in anderen Vertiefungsrichtungen sind es lediglich rund 17 %.

Module	baubetriebliche Studiengänge	andere Vertiefungsrichtungen
Baubetrieb	100,00%	50,00%
Bauverfahren	100,00%	66,67%
Bauwirtschaft	100,00%	66,67%
Baurecht	100,00%	83,33%
Soziale Kompetenzen	23,26%	16,67%
Schlüssel-fertigbau	16,28%	0,00%
Arbeitsschutz	44,19%	16,67%

Tabelle 3: Vergleich der baubetrieblichen Module in Abhängigkeit der Vertiefungsrichtung

Zusammenfassend lässt sich feststellen, dass in jedem betrachteten Studiengang baubetriebliche Kenntnisse vermittelt werden, die Quantität jedoch stark variiert.

3.3 Analyse der Masterstudiengänge im Bereich Baubetrieb

Nachdem im Kapitel 3.2 die Bachelorstudiengänge im Bereich Baubetrieb analysiert wurden, soll dieses Kapitel einen Gesamtüberblick über das vorhandene Studienangebot an einschlägigen Masterstudiengängen geben. Hierfür wird zunächst das methodische Vorgehen dargestellt und anschließend die Studienstruktur sowie -inhalte der identifizierten Studiengänge im Baubetrieb ausgewertet.

3.3.1 Methodisches Vorgehen zur Analyse der Masterstudiengänge

Das Vorgehen zur Analyse der Masterstudiengänge im Bereich Baubetrieb erfolgt analog zu der Analyse der Bachelorstudiengänge. Über Online-Suchmaschinen[99] wurde nach den Stichwörtern „Bauingenieurwesen“ und „Wirtschaftsingenieurwesen Bau“ gesucht.

Mithin konnten 124 Masterstudiengänge im Bereich des Bauingenieurwesens sowie des Wirtschaftsingenieurwesens Bau identifiziert werden. Um – wie bereits bei den Bachelorstudiengängen – die Masterstudiengänge mit dem Fokus auf dem Fachgebiet

99 Abfrage über: http://www.werde-bauingenieur.de/hochschulen.php, http://www.master-vergleich.com/, http://kursnet-finden.arbeitsagenur.de/kurs/index.jsp, sowie http://www.hochschulkompass.de/ , Zeitpunkt der Abfrage: April bis Juni 2013

Baubetrieb näher zu betrachten, erfolgt erneut die 2-stufige Selektion dieser insgesamt 124 Masterstudiengänge.

Stufe 1 – Grobselektion

Im Rahmen der Grobselektion konnten 61 Studiengänge bereits dem Titel nach als für die weiteren Betrachtungen nicht relevant identifiziert werden. 52 Masterstudiengänge konnten über die Betrachtung des Studientitels keiner Vertiefungsrichtung zugeordnet werden und müssen somit weitergehend analysiert werden. Elf Studiengänge lassen sich bereits dem Studientitel nach unmittelbar dem Fachgebiet Baubetrieb zuordnen.

Stufe 2 – Feinselektion

Im Rahmen der Feinselektion konnten – unter Berücksichtigung der möglichen Vertiefungsrichtungen/Studienschwerpunkte – weitere 15 Studiengänge dem Fachgebiet Baubetrieb zugeordnet werden.

Insgesamt sind somit 26 Masterstudiengänge für die nachfolgenden Betrachtungen relevant und werden unter Zuhilfenahme der öffentlich zur Verfügung stehenden Informationsmaterialien hinsichtlich ihrer Studieninhalte analysiert.[100]

Auch im Rahmen der Betrachtung der Masterstudiengänge wird zunächst eine Auswertung des Studienangebotes an baubetrieblichen Inhalten auf Basis der sieben Themengebiete

- Baubetrieb,
- Bauverfahren,
- Bauwirtschaft,
- Baurecht,
- Soziale Kompetenzen,
- Schlüsselfertigbau sowie
- Arbeitsschutz

vorgenommen. Zudem wird betrachtet, ob die Studiengänge ein Praxisprojekt anbieten.

[100] Die Übersicht über die zur Verfügung stehenden und somit genutzten Informationsunterlagen ist der Anlage A3-3_verwendete_Studieninformationen_Masterstudiengänge zu entnehmen.

3.3.2 Darstellung des vorhandenen Studienangebotes in der Vertiefungsrichtung Baubetrieb in Masterstudiengängen

Nachfolgend werden die wesentlichen Ergebnisse der Auswertung des vorhandenen Studienangebots in der Vertiefungsrichtung Baubetrieb in Masterstudiengängen dargestellt, die gesamte Auswertung ist der Anlage 3 zu entnehmen.

ART DES ABSCHLUSSES

Von den 26 detailliert betrachteten Studiengängen im Bereich des Baubetriebs und der Bauwirtschaft wird für elf Studiengänge der Master of Engineering und für zehn Studiengänge der Titel Master of Science vergeben. Für drei der betrachteten Studiengänge wird der Abschluss „Master of Business Administration" vergeben, für zwei der Abschluss „Master of Arts". Andere Abschlüsse sind nicht vorhanden.

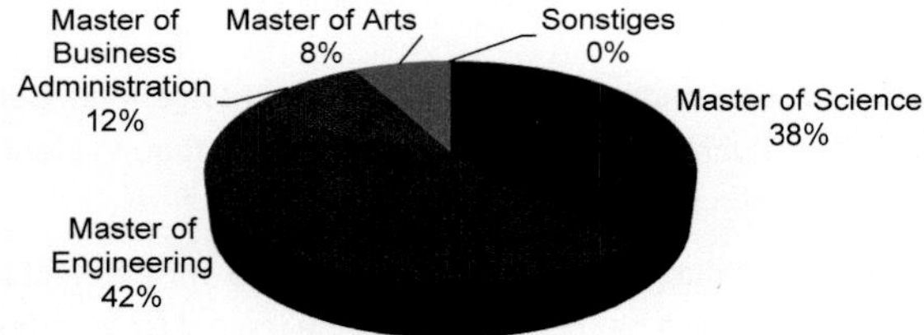

Abbildung 19: Prozentuale Verteilung der verschiedenen Arten von Masterabschlüssen

STUDIENSTRUKTUR

Hinsichtlich der Studienstruktur ist festzuhalten, dass 58 % der betrachteten Studiengänge als Vollzeitstudiengänge angeboten werden und weitere 19 % als Vollzeitstudiengänge, die jedoch alternativ auch berufsbegleitend absolviert werden können. 23 % der betrachteten Masterstudiengänge werden berufsbegleitend angeboten.

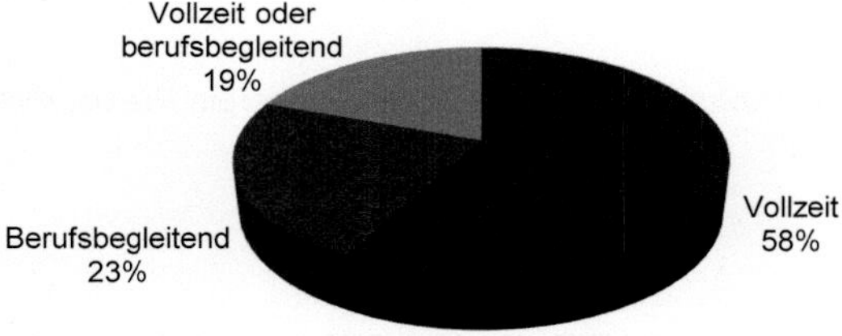

Abbildung 20: Prozentuale Verteilung der Vollzeit- und Teilzeitstudiengänge im Master

STUDIENART

Bei Betrachtung der Studienart lässt sich feststellen, dass ein Großteil der Studiengänge als konsekutive Studiengänge angeboten werden. Es handelt sich demnach um Studiengänge, die unmittelbar an einen Bachelorstudiengang anschließen. Lediglich 27 % der betrachteten Studiengänge sind Weiterbildungsstudiengänge.

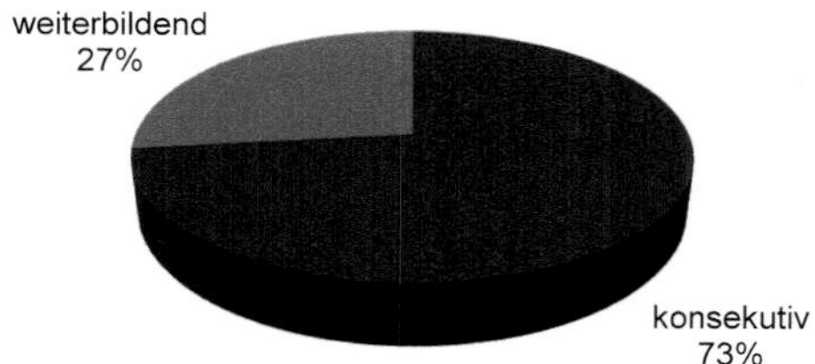

Abbildung 21: Prozentuale Verteilung der konsekutiven und weiterbildenden Masterstudiengänge

ZULASSUNGSBEDINGUNGEN

Bei der Betrachtung der Zulassungsbedingungen ist es sinnvoll, zwischen konsekutiven und weiterbildenden Masterstudiengängen zu unterscheiden.

In Abhängigkeit der im Rahmen des Masterstudiengangs zu erwerbenden Anzahl an Creditpoints (CP) werden unterschiedliche Anforderungen an den ersten qualifizierenden Hochschulabschluss gestellt. Diese Tatsache lässt sich dahingehend begründen, dass 300 CP für die Summe aus Bachelor- und Masterstudiengang vergeben werden sollen.[101] Werden in einem Masterstudiengang 120 CP vergeben, schreiben die Zulassungsbedingungen einen ersten berufsqualifizierenden Hochschulabschluss mit 180 CP vor, bei einem Masterstudium mit 90 CP entsprechend 210 CP. In der Regel können mögliche Differenzen jedoch durch zusätzliche Vorkurse/Module ausgeglichen werden.

Im Bereich der konsekutiven Studiengänge werden bei jeweils neun der 19 Studiengänge 180 CP als Zugangsvoraussetzung vorgeschrieben, bei den restlichen zehn Studiengängen werden 210 CP verlangt. Berufserfahrung ist in keinem der konsekutiven Studiengänge eine Zulassungsbedingung, lediglich in einem der betrachteten Studiengänge wird ein Vorpraktikum gefordert.

Innerhalb der weiterbildenden Studiengänge verteilen sich die Zulassungsbedingungen anders. Von den insgesamt sieben betrachteten Studiengängen wird lediglich in einem ein erster Abschluss mit 180 CP gefordert, die restlichen sechs Studiengänge

[101] Vgl. Kultusministerkonferenz (2010), S. 3

fordern 210 CP. Bei allen Weiterbildungsstudiengängen wird zusätzliche Berufserfahrung gefordert, wobei vier Studiengänge mindestens ein Jahr fordern und zwei Studiengänge zwei Jahre.[102]

ANZAHL SEMESTER UND CPS

Die Anzahl der Semester und zu erwerbenden CP in Vollzeitstudiengängen verhält sich äquivalent zu den Anforderungen der jeweiligen Studiengänge an die mindestens erworbenen CP als Eingangsvoraussetzung. Insofern 180 CP als Eingangsvoraussetzung angesetzt werden, können im Master weitere 120 CP erworben werden, bei 210 CP Eingangsvoraussetzung entsprechend 90 CP. Im Bereich der Vollzeitstudiengänge richtet sich die Anzahl der Semester nach den im Masterstudiengang zu erwerbenden CPs: je 30 CP wird ein Semester angesetzt, sodass Studiengänge mit 90 CP in drei Semestern, Studiengänge mit 120 CP in vier Semestern absolviert werden können.

Anders verhält sich dieser Sachverhalt bei der Betrachtung der weiterbildenden Studiengänge sowie bei einem der in Teilzeit angebotenen konsekutiven Studiengänge. Hier wird die Regelstudienzeit um ein bis zwei Semester erhöht, um die Studierbarkeit des Studienganges parallel zu der Berufstätigkeit zu gewährleisten. Dies entspricht den Forderungen des Akkreditierungsrates nach Reduzierung der studentischen Arbeitsbelastung und entsprechender Anpassung der Regelstudienzeit.[103]

HÖHE DER STUDIENGEBÜHREN

Im Bereich der konsekutiven Masterstudiengänge werden keine Studiengebühren erhoben, die Studierenden haben lediglich einen Semesterbeitrag für Sozial-, Studentenschafts- und Mobilitätsbeiträge zu entrichten, welcher in Abhängigkeit des Bundeslandes sowie der jeweiligen Hochschule variieren kann.

Im Bereich der weiterbildenden Studiengänge hingegen werden an allen betrachteten Hochschulen Studiengebühren erhoben. Für den Studiengang „N“ werden 500 €/Semester erhoben, was bei der Regelstudienzeit von drei Semestern 1.500 € entspricht. Für die fünf weiteren betrachteten Studiengänge im Bereich der Weiterbildung werden deutlich höhere Studiengebühren erhoben. Eine Übersicht ist der Tabelle 4 zu entnehmen:

---

[102] Vgl. Kultusministerkonferenz (2010), S. 5
[103] Vgl. Akkreditierungsrat (2010), S. 8

Hochschule	Regel-studienzeit	Studiengebühren	Gebühren / Semester
C	5	11.300 €	2.260,00 €
D	4	12.900 €	3.225,00 €
F	ca. 4	9.850 €	2.462,50 €
G	4	14.400 €	3.600,00 €
N	3	1.500 €	500,00 €
T Variante 1	4	14.000 €	3.500,00 €
T Variante 2	6	18.000 €	3.000,00 €
Z	3	8.200 €	2.733,00 €

Tabelle 4: Übersicht Studiengebühren weiterbildende Masterstudiengänge

Durchschnittlich ergeben sich hieraus Studiengebühren in Höhe von 2.660,06 €/ pro Semester. Bei Nicht-Berücksichtigung des Studienganges „N", der mit lediglich 500 €/Semester deutlich aus dem Rahmen der restlichen betrachteten weiterbildenden Masterstudiengänge heraussticht, ergeben sich de facto durchschnittliche Studiengebühren in Höhe von: 2.968,64 €/Semester. An dieser Stelle ist festzuhalten, dass der Studiengang „N" neben den deutlich geringeren Studiengebühren auch an anderer Stelle von den restlichen Weiterbildungsstudiengängen abweicht, da er in Vollzeit absolviert wird.

Baubetriebliche Studieninhalte in Masterstudiengängen

Im Rahmen der Analyse baubetrieblicher Studieninhalte in Masterstudiengängen ist festzustellen, dass – aufgrund der baubetrieblichen Ausrichtung – in 100 % der betrachteten Studiengänge Studieninhalte des Baubetriebs gelehrt werden. Module aus dem Themengebiet der Bauwirtschaft werden in rund 96 %, Baurecht in rund 89 % und soziale Kompetenzen in 85 % der Studiengänge angeboten. Module zum Bereich Bauverfahrenstechniken finden sich in rund 58 % der Fälle. In jedem zweiten Studiengang wird ein Praxisprojekt angeboten. Das Themengebiet Arbeitsschutz stellt mit rund 12 % nach Schüsselfertigbau (19 %) das Schlusslicht der betrachteten Themengebiete dar und wird lediglich in drei der betrachteten 26 Studiengänge als Modul angeboten.

Anzumerken ist, dass durch die reine Betrachtung der Modulbezeichnungen der Fall eintreten kann, dass sich zum Beispiel hinter der Bezeichnung Baubetrieb auch Inhalte der Bauverfahrenstechniken verstecken, die im Rahmen dieser Bewertung nicht als solche identifiziert werden konnten und somit in dieser Analyse nicht betrachtet wurden.

Module	Studiengang																										Prozentuale Auswertung
	A	B	C	D	E	F	G	H	I	J	K	L	M	N	O	P	Q	R	S	T	U	V	W	X	Y	Z	
Baubetrieb	x	x	x	x	x	x	x	x	x	x	x	x	x	x	x	x	x	x	x	x	x	x	x	x	x	x	100,00%
Bauverfahren	x	x						x	x	x			x		x		x	x		x	x	x	x	x	x		57,69%
Bauwirtschaft	x	x	x	x	x	x	x	x	x	x	x	x	x	x	x	x	x	x	x	x	x	x		x	x	x	96,15%
Baurecht	x	x	x	x	x	x	x	x	x	x	x	x	x	x		x	x		x	x	x		x	x	x	x	88,46%
Soziale Kompetenzen			x	x	x	x	x	x	x	x	x	x	x	x	x	x	x	x	x	x	x		x		x	x	84,62%
Schlüssel-fertigbau								x	x				x						x						x		19,23%
Arbeitsschutz										x					x								x				11,54%
Praxisprojekt	x				x		x	x		x	x	x		x	x					x	x			x		x	50,00%

Tabelle 5: **Übersicht baubetrieblicher Studieninhalte in Masterstudiengängen der Vertiefungsrichtung Baubetrieb**

3.4 Befragung von fachbezogenen Interessengruppen hinsichtlich des Bildungsbedarfes im Baubetrieb

Im Anschluss an die Betrachtung des Bildungsmarktes in Form von Bachelor- und Masterstudiengängen im Baubetrieb (Kapitel 3.2 und 3.3), wird in diesem Kapitel der Bildungsbedarf im Baubetrieb analysiert. Dabei werden einerseits Unternehmen der Bauwirtschaft und andererseits Studierende des Bauingenieurwesens befragt.

3.4.1 Zielsetzung der Befragung

Ziel der Befragung ist es, die Anforderungen der Unternehmen an ihre potenziellen Nachwuchskräfte zu identifizieren sowie die Wünsche der Studierenden an die Rahmenbedingungen ihres Studiums zu ermitteln.

Da die Studierenden in der Regel über keine Berufserfahrung verfügen, können sie die Anforderungen des Berufslebens und die daraus resultierenden notwendigen Studieninhalte häufig noch nicht abschätzen, sodass die Befragung der Studierenden auf einer allgemeineren Ebene hinsichtlich der Rahmenbedingungen eines zu entwickelnden Masterstudiengangs für Baustellenführungskräfte erfolgt. Die Unternehmen hingegen werden außer zu den Rahmenbedingungen auch bezüglich der relevanten Studieninhalte für zukünftige Baustellenführungskräfte befragt.

Um eine möglichst breit gestreute, über die Bundesrepublik Deutschland verteilte Teilnehmerzahl zu erreichen, wurde die Entscheidung getroffen, die Befragung als Online-Umfrage durchzuführen.

3.4.2 Methodik und Ablauf der Befragung

Die Zielgruppenbefragung „Anforderungen an eine praxisgerechte Aus- und Weiterbildung von Baustellenführungskräften“ wurde im Zeitraum vom 24.04.2013 bis 26.08.2013 in Form einer Online-Befragung auf der Internetplattform www.onlineumfragen.com durchgeführt. Aufgrund der Tatsache, dass einerseits Unternehmen des Baugewerbes und andererseits Studierende der Studienrichtung Bauingenieurwesen mit jeweils spezifischen Fragen erfasst werden sollten, wurde die Umfrage zweigeteilt.

Unternehmensbefragung

Zur Befragung der Unternehmen des Baugewerbes wurde sowohl an den Zentralverband Deutsches Baugewerbe, den Hauptverband der deutschen Bauindustrie und die Baugewerblichen Verbände ein Anschreiben mit der Bitte um Weiterleitung an die jeweiligen Mitglieder verschickt. Zudem wurden einzelne Unternehmen, deren Kontaktdaten im Rahmen einer Internetrecherche ermittelt wurden, separat angeschrieben. Da der Fokus dieser Umfrage auf der Aus- und Weiterbildung von Unternehmensbauleitern liegt, wurden in erster Linie Bauunternehmen zur Teilnahme aufgefordert. Es nahmen jedoch auch andere Unternehmen wie beispielsweise Ingenieurbüros teil, insofern diese im Vorfeld bereits ein Interesse an der Mitwirkung bei der Entwicklung des Ausbildungskonzeptes gezeigt hatten. Das Anschreiben, der Fragebogen sowie die Auswertung der Unternehmensbefragung sind der Anlage 4 zu entnehmen.

Es nahmen insgesamt 60 Unternehmen an der Umfrage teil. Einige Teilnehmer haben die Befragung jedoch zu einem frühen Zeitpunkt abgebrochen, sodass nicht alle Teilnehmer in der Auswertung berücksichtigt wurden. Als Grenze der Bewertbarkeit wurde festgelegt, dass diejenigen Teilnehmer, die den Fragebogen mindestens bis zur Frage 23 beantwortet haben, in der Gesamtauswertung berücksichtigt werden. Teilnehmer, die vorher abgebrochen haben, konnten nicht berücksichtigt werden. Grund für diese Entscheidung war die Tatsache, dass ab der Frage 23 die für die Studiengangsentwicklung relevanten Fragen gestellt wurden. Haben einzelne Teilnehmer die Befragung im weiteren Verlauf abgebrochen, so ist dieser Abbruch über die sich verändernde Anzahl der Elemente der Stichprobe (n) erkennbar. Durch dieses Vorgehen konnten insgesamt 48 beantwortete Fragebögen in die Auswertung einbezogen werden.[104] Durch die sechs Teilnehmer, die die Umfrage nicht vollständig beantwortet haben, verringert sich die Teilnehmerzahl zum Ende der Umfrage auf 42. Demnach ist die Unterneh-

[104] Die Fälle 1, 2, 9, 10, 12, 14, 28, 33, 35, 47 und 54 wurden auf Basis der beschriebenen Auswahlkriterien von der Auswertung ausgeschlossen.

mensbefragung als nicht repräsentativ einzustufen, dennoch lässt sich aus den Umfrageergebnissen eine deutliche Tendenz ableiten. Diese Ergebnisse wurden zudem im Nachgang durch Expertengespräche mit Vertretern von Bauunternehmen validiert.

Im Rahmen eines ersten Kick-Off-Workshops zur Initiierung eines neuen Masterstudiengangs für Führungskräfte im Baubetrieb am 02.12.2011 an der Bergischen Universität Wuppertal wurde bereits eine Umfrage zur Bedeutung einzelner Studienschwerpunkte durchgeführt. Diese Befragung zu den Studieninhalten ist innerhalb der neuerlichen Befragung vollständig integriert worden. Dieses Vorgehen gewährleistet, dass die beiden Umfragen miteinander verglichen und eine gemeinsame Auswertung beider Umfragen für den Teilbereich der Studieninhalte durchgeführt werden konnten. Dabei wurden die Inhalte, die in der Befragung im Rahmen des Kick-Off-Workshops unter Sonstiges genannt wurden, in die Online-Befragung hinsichtlich ihrer Bedeutung mit aufgenommen. Abgefragt wurde die Wichtigkeit einzelner Themengebiete innerhalb der Hauptthemenbereiche Arbeitsschutz, Bauprojektmanagement, Bauwirtschaft, Technische Innovationen, Recht für Bauingenieure sowie Führungskompetenzen und sonstige Bereiche. Die Umfrageergebnisse der Befragung im Rahmen des Kick-Off-Workshops sind ebenfalls der Anlage 4 zu entnehmen.

STUDIERENDENBEFRAGUNG

Zur Befragung der Studierenden wurde an die Fachbereiche Bauingenieurwesen an deutschen Fachhochschulen und Universitäten ein Anschreiben mit der Bitte um Weiterleitung an die Studierenden verschickt.

Zudem wurden über den BBB-Assistentenverteiler[105] die Assistenten der Bauwirtschafts-, Baubetriebs- und Bauverfahrenstechniklehrstühle in Deutschland angeschrieben, ebenfalls mit der Bitte, die Informationen an ihre Studierenden weiterzuleiten. Das Anschreiben, der Fragebogen und die Auswertung der Studierendenbefragung sind der Anlage 5 zu entnehmen.

Insgesamt nahmen 346 Studierende an der Umfrage teil. Aufgrund von Abbrüchen der Befragung konnten jedoch nicht alle Teilnehmer gewertet werden. Als Grenze der Bewertbarkeit des jeweiligen Teilnehmers wurde festgelegt, dass diejenigen Teilnehmer, die den Fragebogen mindestens bis einschließlich Frage 21 beantwortet haben, in der Gesamtauswertung berücksichtigt werden. Teilnehmer, die vorher abgebrochen haben, konnten nicht berücksichtigt werden. Grund für diese Entscheidung ist die Tatsa-

[105] Bei dem BBB-Assistentenverteiler handelt es sich um einen Verteiler, über den Universitätsassistenten für die Bereiche Bauwirtschaft, Baubetrieb und Bauverfahrenstechnik kontaktiert werden können.

che, dass ab der Frage 21 die für die Studiengangentwicklung relevanten Fragen gestellt wurden. Wurde die Befragung im weiteren Verlauf durch einzelne Teilnehmer abgebrochen, so ist dieser Abbruch über die sich verändernde Anzahl der Elemente der Stichprobe (n) erkennbar. Mithin gingen insgesamt 302 verwertbare Fragebögen in die Untersuchung ein.[106]

Demnach ist die Studierendenbefragung als nicht repräsentativ einzustufen, dennoch lässt sich auch aus diesen Umfrageergebnissen eine deutliche Tendenz ableiten.

3.4.3 Ergebnisse der Unternehmensbefragung

Mehr als 75 % der Umfrageteilnehmer kamen aus Bauunternehmen, wodurch sichergestellt werden konnte, dass in der Umfrage die spezifischen Anforderungen von Unternehmen an ihre zukünftigen Führungskräfte im Baubetrieb ermittelt werden können. Alle Befragten hatten leitende Positionen in ihrem Unternehmen inne, mit Ausnahme von zwei Personen, die in der Erwachsenenbildung bzw. als technischer Referent tätig waren. 23 % der Befragten arbeiten in einem Unternehmen, welches maximal 49 Mitarbeiter beschäftigt, 31 % in einem Unternehmen mit 50 - 99 Mitarbeitern und weitere 13 % in einem Unternehmen mit 100 - 249 Mitarbeitern. Somit arbeiten 67 % der Befragten in einem Unternehmen mit weniger als 250 Mitarbeitern.

69 % der Befragten beschäftigten in ihrem Unternehmen Bachelor-Absolventen aus dem Bereich des Bauingenieurwesens, wobei 64 % von ihnen der Meinung waren, dass diese Absolventen ihre Erwartungen erfüllen.

75 % der Befragten beschäftigten Studierende des Bauingenieurwesens in ihrem Unternehmen, wobei ungefähr gleich viele Bachelor- und Masterstudenten beschäftigt wurden. Die Beschäftigungsmöglichkeiten dieser Studierenden sind der Abbildung 22 zu entnehmen.

[106] Die Fälle 1, 2, 5, 6, 7, 8, 9, 12, 20, 22, 23, 32, 47, 58, 77, 116, 120, 137,144, 153, 160, 162, 182, 184, 208, 219, 235, 249, 251, 268, 276, 280, 281, 286, 287, 295, 299, 313, 316, 318, 319, 321, 342, 346 wurden aufgrund der beschriebenen Auswahlkriterien von der Auswertung ausgeschlossen.

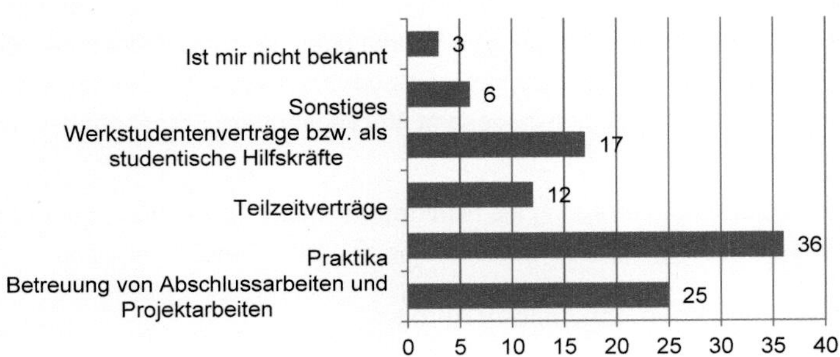

Abbildung 22: Beschäftigungsmöglichkeiten von Studierenden in den Unternehmen [n = 44, Mehrfachnennung möglich]

Ein Großteil der Unternehmen bot demnach Einsatzmöglichkeiten für Studierende in Form von Praktika oder der Betreuung von Abschlussarbeiten.

Die Teilnehmer der Umfrage wurden nach Verbesserungsbedarf in ausgewählten Aspekten des Studiums gefragt. Als verbesserungswürdig gaben in diesem Zusammenhang 53 % der Befragten an, dass die Aktualität der Themengebiete in der Lehre verbesserungswürdig sei und 80 %, dass die Eigenverantwortung und das selbstständige Arbeiten mehr gefördert werden sollten. Ferner sind 69 % der Befragten der Meinung, dass der Praxisbezug verbessert werden müsste, bei gleichzeitiger Verinnerlichung der theoretischen Grundlagen (58 %). Lediglich 27 % der Befragten sind der Meinung, dass die Schulung von sozialen Kompetenzen erhöht werden muss.

Die Frage, ob die Unternehmen mit Hochschulen zusammenarbeiten oder früher zusammengearbeitet haben, beantworteten 58 % mit „ja". Weitere 27 % könnten sich eine Zusammenarbeit zumindest vorstellen. Die Angaben der Unternehmen bezüglich einer (denkbaren) Form der Zusammenarbeit mit Hochschulen sind der Abbildung 23 zu entnehmen.

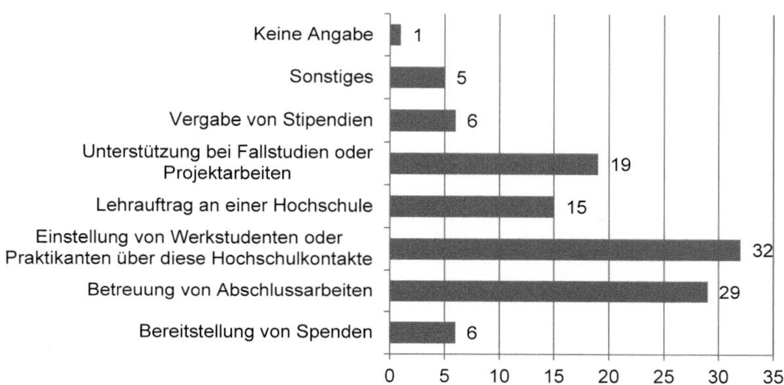

Abbildung 23: (Denkbare) Formen der Zusammenarbeit der Unternehmen mit Hochschulen

[n = 38, Mehrfachnennung möglich]

Insbesondere sind die Unternehmen an einer Einstellung von Werkstudenten oder Praktikanten über den Kontakt zur Hochschule sowie die Betreuung von Abschlussarbeiten interessiert.

NEUER MASTERSTUDIENGANG FÜR FÜHRUNGSKRÄFTE IM BAUBETRIEB – STRUKTUR

Im Hinblick auf einen neu zu entwickelnden Studiengang im Bereich Baubetrieb und Bauwirtschaft wurden von 62 % der Befragten der Abschluss Master of Engineering bevorzugt. Der Titel Master of Science wurde von 14 % der Befragten bevorzugt. Andere Abschlüsse sind für die Unternehmen als nicht relevant einzustufen.

Bezüglich der Bedeutung der vorgegebenen Auswahlkriterien gaben die Befragten mehrheitlich an, dass die Kriterien Teamfähigkeit, Offenheit und Flexibilität, kommunikatives und kooperatives Verhalten, Initiative und Eigenverantwortung, Fachwissen, Belastbarkeit und Konfliktfähigkeit, Lern- und Veränderungsbereitschaft sowie Auftreten und Ausstrahlung sehr wichtig seien. Im Durchschnitt als wichtig nannten die Befragten die Kriterien schriftliche Ausdrucksfähigkeit, Reflexionsfähigkeit, Praktika während des Studiums, mündliche Ausdrucksfähigkeit, Leistung im Studium, kompetenter Umgang mit Medien und EDV, Einfühlungsvermögen, Berufsausbildung vor dem Studium sowie Allgemeinwissen. Als unwichtig wurden die Kriterien Ruf der Hochschule sowie Fremdsprachenkenntnisse eingeschätzt.

Wie der Abbildung 24 entnommen werden kann, waren mit 61 % der Befragten ein Großteil der Meinung, dass ein zu entwickelnder Studiengang für Führungskräfte im Baubetrieb berufsbegleitend durchgeführt werden sollte.

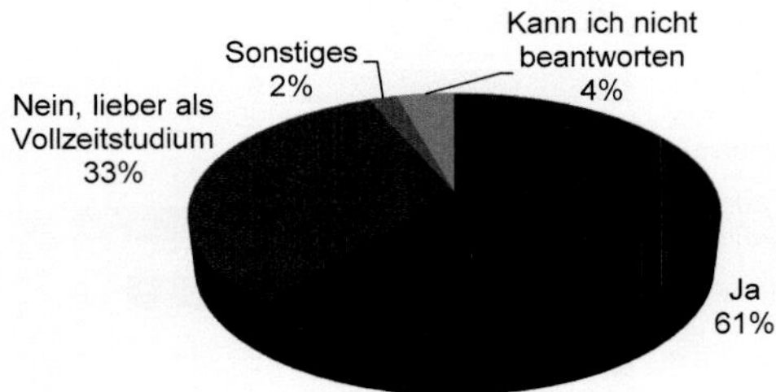

Abbildung 24: Durchführung des Masterstudiums für Führungskräfte im Baubetrieb als berufsbegleitendes Studium [n = 48]

Von den Teilnehmern, die ein berufsbegleitendes Studium als sinnvoll erachteten, waren 45 % der Meinung, dass die Präsenzzeiten in Form von Blockveranstaltungen mit 6 - 8 Wochen in den Monaten Januar und Februar angeboten werden sollten, je 24 % sprechen sich für Veranstaltungen an zwei Tagen in der Woche bzw. an drei Tagen alle 14 Tage aus. 7 % haben Sonstiges angegeben.

89 % der Befragten waren der Auffassung, dass eine hohe Praxisnähe für einen Studiengang im Bereich Baubetrieb und Bauwirtschaft wichtig ist, wobei diese Praxisnähe hauptsächlich durch die Ausrichtung des Studiengangs an den tatsächlichen Bauprozessen (92 %), die Zusammenarbeit mit Unternehmen und Firmen der Branche (79 %), den Einsatz von Dozenten aus der Wirtschaft und Praxis (69 %), die Durchführung von Praktika (67 %) sowie die Bearbeitung von Fall- und Projektstudien (64 %) erzielt werden soll.

Wie bereits die generelle Bereitschaft der Unternehmen zur Zusammenarbeit mit Hochschulen gezeigt hat – 60 % der Befragten arbeiteten bereits mit Hochschulen zusammen, weitere 26 % konnten es sich zumindest vorstellen –, bestand auch Bereitschaft für die konkrete Unterstützung von Mitarbeitern, die einen Studiengang für Führungskräfte im Baubetrieb absolvieren möchten. Dieser Sachverhalt ist der Abbildung 25 zu entnehmen.

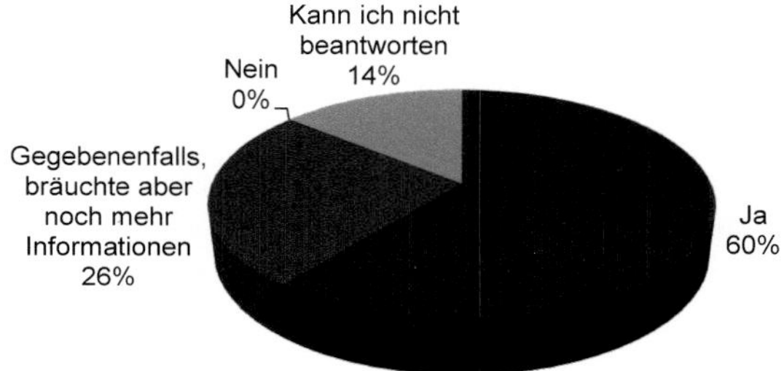

Abbildung 25: Bereitschaft der Befragten, Mitarbeiter bei einem solchen Studiengang zu unterstützen [n = 43]

Dabei verteilen sich die Möglichkeiten der Unterstützung wie folgt:

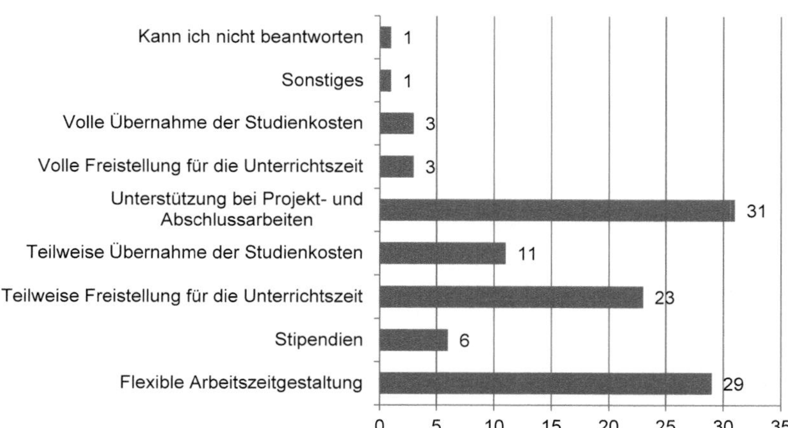

Abbildung 26: Denkbare Formen der Unterstützung von Studierenden durch Bauunternehmen [n = 37, Mehrfachnennung möglich]

57 % der Befragten könnten sich neben der Unterstützung von Studierenden im Unternehmen auch vorstellen, sich in einem solchen Studiengang aktiv zu engagieren, wobei die häufigsten Formen die Unterstützung bei Projekt- und Abschlussarbeiten (rund 96 %) sowie die Übernahme von Dozententätigkeiten (rund 71 %) sind.

NEUER MASTERSTUDIENGANG FÜR FÜHRUNGSKRÄFTE IM BAUBETRIEB – STUDIENINHALTE

Die Befragung hinsichtlich relevanter Studieninhalte wurde – wie bereits angesprochen – auf Basis der Ergebnisse des Kick-Off-Workshops durchgeführt. Die jeweils isolierten Ergebnisse beider Umfragen sowie die detaillierte Auswertung der Gesamtergebnisse sind der Anlage 4 zu entnehmen. Durch die gemeinsame Betrachtung beider Umfrageergebnisse erhöht sich die Teilnehmerzahl (n) entsprechend, wobei nur die Teilnehmer im Umfang n berücksichtigt wurden, die eine Angabe gemacht haben.

Die Studieninhalte werden nachfolgend, nach Relevanz sortiert, dargestellt. Hierfür werden 0,5er Schritte gewählt, sodass sich die folgenden Cluster ergeben:

- 1,0 bis 1,5,
- 1,5 bis 2,0 sowie
- 2,0 bis 2,5,

wobei eine „1“ als unverzichtbar und eine „2“ als sehr wichtig definiert wurde. Diese Studieninhalte wurden demnach von den Unternehmen als unverzichtbar bzw. sehr wichtig eingestuft, sodass sie – aus Sicht dieser Unternehmen – zwingend in der Ausbildung von zukünftigen Führungskräften im Baubetrieb vermittelt werden sollten. Mögliche Studieninhalte, die von den Unternehmen mit „3“ (weniger wichtig) oder schlechter bewertet wurden, werden aufgrund der untergeordneten Relevanz nicht weiter betrachtet.

Schwerpunkt	n	Durchschnittsnote
Bauprojektmanagement		
Bauprojektabwicklung, hier insbesondere:	49	1,43
Bauablaufplanung	59	1,48
Arbeitsvorbereitung und Baulogistik	58	1,47
Termin-, Qualitäts- und Kostenmanagement	58	1,43
Recht für Bauingenieure		
Bauvertragsrecht	54	1,35
Führungskompetenzen		
Mitarbeitermotivation	57	1,37

Tabelle 6: Studieninhalte mit einer Relevanz zwischen 1,0 und 1,5

Schwerpunkt	n	Durchschnittsnote
Arbeitsschutz		
Basis- und Aufbauwissen	59	1,76
Arbeitsvorbereitung	44	1,64
Bauprojektmanagement		
Projektorganisation (Baubeteiligte und deren Aufgaben)	54	1,76
Ausschreibung – Vergabe – Abrechnung von Bauleistungen	60	1,65
Berichtswesen	58	1,95
Umgang mit gestörten Bauabläufen	43	1,67
Bauwirtschaft		
Baukalkulation	58	1,60
Nachtragsmanagement	57	1,61
Technische Innovationen		
Neue Bauverfahrenstechniken	57	1,84
Recht für Bauingenieure		
Bauvergaberecht	56	1,84
Führungskompetenzen		
Konfliktpsychologie	58	1,80
Verhandlungsführung	59	1,70
Zeitmanagement	41	1,78

Tabelle 7: Studieninhalte mit einer Relevanz zwischen 1,5 und 2,0

Schwerpunkt	n	Durchschnittsnote
Arbeitsschutz		
Praktische Übungen (z.B. im Arbeitsschutzzentrum)	59	2,46
Ausschreibung und Vergabe von Bauleistungen	43	2,07
Bauprojektmanagement		
Schlüsselfertigbau	53	2,22
Bauverfahrenstechnik	58	2,20
Methoden, Verfahren und Instrumente zum Qualitätsmanagement (z.B. Projekthandbücher)	57	2,37
Gängige Softwaresysteme	57	2,38
Fachspezifische Studienarbeiten auf Basis realer Projekte	57	2,10
Bauwirtschaft		
Unternehmensrechnung	55	2,35
Investition (z.B. Wirtschaftlichkeitsberechnung)	53	2,46
Strategische Unternehmensführung	55	2,22
Baumarketing („Wie verkaufe ich mein Unternehmen richtig?“)	57	2,35
Fachspezifische Projekte	56	2,25
Recht für Ingenieure		
Arbeitsrecht	57	2,37
Führungskompetenzen		
Didaktik, Vortrags- und Präsentationstechniken	57	2,24
Sonstiges		
Baustoffkunde	40	2,48
Umweltschutz und Energieeffizienz	39	2,33

Tabelle 8: Studieninhalte mit einer Relevanz zwischen 2,0 und 2,5

3.4.4 Ergebnisse der Studierendenbefragung

Von den insgesamt 302 Teilnehmern mit auswertbaren Fragebögen waren 32 % Frauen und 68 % Männer, wobei das Durchschnittsalter der Befragten bei 26 (25,96) Jahren lag.

33 % der Befragten hatten eine Berufsausbildung in einem anerkannten Ausbildungsberuf abgeschlossen, wobei 7 % diese in Kombination mit einem dualen Studium erworben hatten. 23 % der Befragten, die eine Berufsausbildung abgeschlossen hatten, arbeiteten über ein Jahr in diesem Ausbildungsberuf, weitere 26 % weniger als ein Jahr und 19 % weniger als ½ Jahr nur zur Überbrückung bis zum Studium. Lediglich 9 % der Befragten, die angaben, eine anerkannte Ausbildung abgeschlossen zu haben, absolvierten anschließend eine Meisterprüfung.

82 % der Befragten studierten aktuell bzw. nahmen zum Befragungszeitpunkt ein Studium auf, die verbleibenden 18 % studierten zu diesem Zeitpunkt nicht, absolvierten allerdings bereits ein Studium. Neben dem Studium haben die Befragten durchschnittlich ca. 8,5 h pro Woche gearbeitet.

Das Kriterium der Praxisnähe wurde von den Befragten überwiegend als durchschnittlich (42 %) bzw. hoch (40 %) eingeschätzt. Die angegebene Form der Realisierung der Praxisnähe des Studiums ist der Abbildung 27 zu entnehmen.

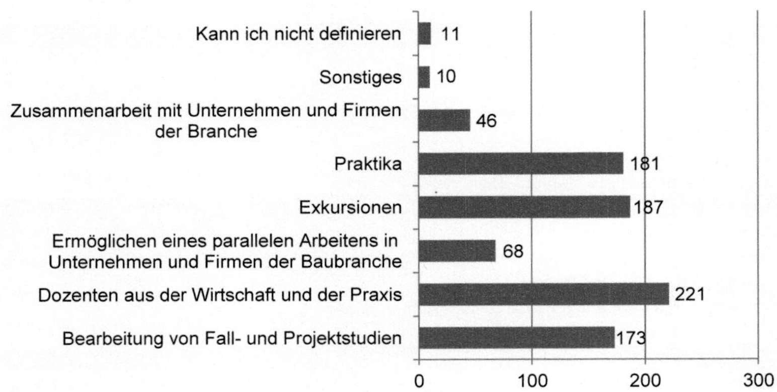

Abbildung 27: Realisierung der Praxisnähe in dem Studium der befragten Studierenden [n = 301, Mehrfachnennung möglich]

In Bezug auf die Frage, ob sich häufig Lehrinhalte verschiedener Veranstaltungen im Studium überschneiden, haben 65 % mit „ja, manchmal“ und weitere 13 % mit „ja, häufig“ geantwortet. Diese Teilnehmer wurden ferner gefragt, wie sie die thematische

Überschneidung der Lehrveranstaltungen bewerten. Ein Großteil der Befragten (59 %) empfanden die Überschneidungen als positiv, weitere 34 % als neutral und lediglich 7 % als negativ. Die Begründungen für die Einschätzung zeigen, dass Studierende generell Überschneidungen dann als sinnvoll erachten, wenn Zusammenhänge zwischen den einzelnen Fachbereichen deutlich werden und insbesondere komplexe Studieninhalte durch Wiederholung und Verknüpfung mit anderen Lehrinhalten verständlicher werden. Allerdings gelten Überschneidungen immer dann als negativ, wenn die Inhalte doppelt gelehrt werden oder es aufgrund von nicht abgestimmten Vorlesungen zu Verwirrung kommt, weil Dozenten widersprüchliche Aussagen zu bestimmten Themengebieten tätigen.

Mehr als die Hälfte der Befragten hatte das Gefühl, dass in einigen Vorlesungen häufig bzw. manchmal Wissen vorausgesetzt wird, das in den vorherigen Vorlesungen noch gar nicht erworben wurde.

NEUER MASTERSTUDIENGANG FÜR FÜHRUNGSKRÄFTE IM BAUBETRIEB – STRUKTUR

Im Hinblick auf einen neu zu entwickelnden Masterstudiengang wurden die Teilnehmer eingangs gefragt, welcher Studienschwerpunkt ihnen zurzeit am ehesten zusagen würde. Mit 48 % antwortete ein Großteil der Teilnehmerinnen und Teilnehmer, dass ihnen ein Schwerpunkt im Bereich Baubetrieb und Bauwirtschaft am ehesten zusagen würde. Die nachfolgenden Auswertungen beziehen sich auf die 144 Teilnehmer, die eine Vertiefungsrichtung im Bereich Baubetrieb und Bauwirtschaft präferierten.

38 % der Befragten waren der Meinung, dass der zu entwickelnde Studiengang als berufsbegleitendes Studium angeboten werden sollte, wobei von diesen Befragten 36 % das Studium wöchentlich an zwei Tagen bevorzugen würden, dicht gefolgt von 6 - 8-wöchigen Blockveranstaltungen jeweils im Januar und Februar (31 %). 51 % der Befragten vertraten hingegen die Meinung, dass das Studium als Vollzeitstudium angeboten werden sollte, 11 % hatten diesbezüglich keine Meinung.

Hinsichtlich des zu vergebenden Abschlusses bevorzugten die Befragten mit deutlicher Mehrheit den Titel Master of Engineering, wobei sie bereit wären, durchschnittlich 552 € pro Semester zu bezahlen.

91 % der Befragten war eine hohe Praxisnähe in einem Masterstudiengang wichtig, wobei diese hauptsächlich durch Zusammenarbeit mit Unternehmen und Firmen der Branche, Dozenten aus der Wirtschaft und Praxis sowie der Bearbeitung von Fall- und Projektstudien realisiert werden sollte.

PERSPEKTIVEN IN DER BAULEITUNG

23% der befragten Studierenden, die eine Vertiefungsrichtung im Bereich Baubetrieb und Bauwirtschaft wählen würden, waren bereits in der Bauleitung tätig, weitere 59 % konnten sich vorstellen, nach ihrem Studium oder in ihrem weiteren Werdegang in der Bauleitung tätig zu werden. 9 % konnten hierzu aktuell noch keine Aussage machen und ebenfalls 9 % schlossen einen beruflichen Werdegang in der Bauleitung komplett aus. Die Studierenden, die eine Tätigkeit in der Bauleitung nicht ausschließen konnten, wurden ferner über die Vorstellung befragt, wie lange sie sich eine Tätigkeit in der Bauleitung vorstellen können.

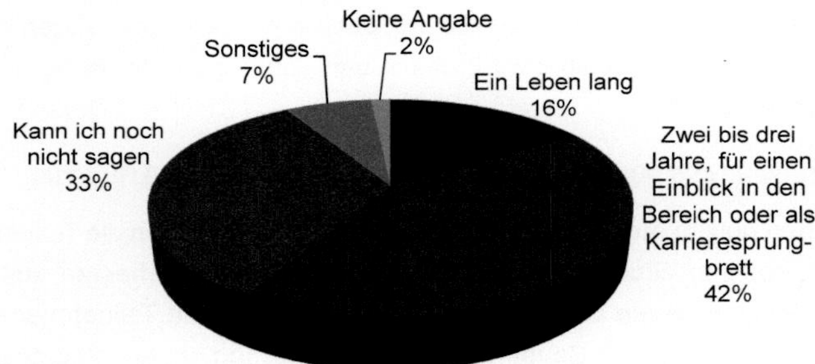

Abbildung 28: Vorstellung der Befragten über die Verweildauer in der Bauleitung [n = 130]

Wie der Abbildung 28 zu entnehmen ist, sah mit 42 % ein Großteil der Befragten die Bauleitung als Karrieresprungbrett. Immerhin 16 % konnten sich vorstellen, ein Leben lang in der Bauleitung tätig zu sein.

3.4.5 Zusammenfassung der Befragung

Die Unternehmen, die Bachelorabsolventen beschäftigen, geben größtenteils an, dass ihre Erwartungen an die Absolventen erfüllt werden. Nichtsdestotrotz sehen die Unternehmen insbesondere im Bereich der Förderung von Eigenverantwortung und selbstständigem Arbeiten sowie im Praxisbezug Optimierungspotenziale im Studium. Die Studierenden schätzen den Praxisbezug in ihrem Studium jedoch als durchschnittlich bis hoch ein.

Die Bereitschaft der Unternehmen, mit Hochschulen zusammenzuarbeiten, ist relativ groß, wobei die Zusammenarbeit weniger in einer direkten materiellen Unterstützung in Form von Spenden oder der Vergabe von Stipendien, sondern eher in der Betreuung der Studierenden in verschiedenen Bereichen bzw. in der Übernahme von Lehraufträgen besteht.

Im Hinblick auf einen neu zu entwickelnden Masterstudiengang im Bereich Baubetrieb und Bauwirtschaft wird seitens der Unternehmen mit deutlicher Mehrheit der Titel „Master of Engineering" präferiert. Ein Großteil ist ebenfalls der Meinung, dass das Studium berufsbegleitend in Form von Blockveranstaltungen mit 6 - 8 Wochen Präsenzzeiten im Januar und Februar durchgeführt werden sollte. Ca. 90 % der Befragten fordern zudem eine hohe Praxisnähe, welche insbesondere darüber erreicht werden kann, dass dieser Studiengang – unter Zusammenarbeit mit Unternehmen und Firmen der Branche – an den tatsächlichen Bauprozessen ausgerichtet wird.

Von den Studierenden, die sich derzeit für einen Studiengang im Bereich Baubetrieb und Bauwirtschaft entscheiden würden, sind 51 % der Meinung, dass das Studium als Vollzeit-, und 38 % der Meinung, dass das Studium als berufsbegleitendes Studium angeboten werden sollte, wobei Letztere sich in etwa gleich stark für Präsenzzeiten von zwei Tagen pro Woche bzw. für eine Blockveranstaltung mit 6 - 8 Wochen im Januar und Februar aussprechen. Die Studierenden sind durchschnittlich bereit, 552 €/Semester zu bezahlen.

Die Realisierung der Praxisnähe in einem Studiengang sollte aus Sicht der Studierenden durch die Zusammenarbeit mit Unternehmen und Firmen der Branche sowie Dozenten aus Wirtschaft und Praxis und die Bearbeitung von Fall- und Projektstudien erfolgen.

Die wesentlichen Umfrageergebnisse sind in der Tabelle 9 zusammengefasst:

Studierende	Unternehmen
Vollzeit oder berufsbegleitend	
51 % Vollzeit, 38 % berufsbegleitend	Mehrheit berufsbegleitend
Durchführung des berufsbegleitenden Studiums	
Präsenzzeiten 14-täglich an zwei Tagen oder als Blockveranstaltung mit 6 - 8 Wochen in den Monaten Januar und Februar	Präsenzzeiten als Blockveranstaltung mit 6 - 8 Wochen in den Monaten Januar und Februar Mögliche Unterstützung denkbar durch: • Unterstützung bei Projekt- und Abschlussarbeiten • flexible Arbeitszeitgestaltung • teilweise Freistellung für die Unterrichtszeit
Art des Abschlusses	
Master of Engineering Studiengebühren: 552 €/Semester	Master of Engineering
Praxisnähe	
Als sehr wichtig erachtet, Realisierung durch: • Zusammenarbeit mit Unternehmen und Firmen der Branche • Dozenten aus Wirtschaft und Praxis • Bearbeitung von Fall- und Projektstudien	Als sehr wichtig erachtet, Realisierung durch: • Ausrichtung des Studiengangs an den tatsächlichen Bauprozessen • Zusammenarbeit mit Unternehmen und Firmen der Branche • Dozenten aus Wirtschaft und Praxis • Praktika • Bearbeitung von Fall- und Projektstudien
Sonstiges	
• Überschneidungen einzelner Lehrinhalte sollen nur da erfolgen, wo es sinnvoll ist (z.B. komplexe Thematik), diese Schnittstellen sollen abgestimmt und widerspruchsfrei sein	

Tabelle 9: Gegenüberstellung der Vorstellungen von Unternehmen und Studierenden im Hinblick auf einen Masterstudiengang im Bereich Baubetrieb und Bauwirtschaft

3.5 Gegenüberstellung des Bildungsangebotes in Masterstudiengängen mit den Umfrageergebnissen

Da sich die Umfrage auf die relevanten Inhalte von Masterstudiengängen beschränkt, werden nachfolgend die 26 identifizierten Masterstudiengänge der Vertiefungsrichtung Baubetrieb hinsichtlich ihrer Übereinstimmung mit den Rahmenbedingungen sowie den als relevant identifizierten Studieninhalten gegenübergestellt.

3.5.1 Allgemeiner Aufbau der Gegenüberstellung der Matrix

Die Matrix stellt die Umfrageergebnisse zu den Anforderungen an einen Masterstudiengang für Führungskräfte im Baubetrieb den 26 betrachteten baubetrieblichen Masterstudiengängen gegenüber. Dabei gliedert sich die Matrix in zwei Bereiche – die Rahmenbedingungen des Studiengangs einerseits und die Inhalte des Studiengangs andererseits.

RAHMENBEDINGUNGEN DER STUDIENGÄNGE

Unter „Rahmenbedingungen der Studiengänge" werden die folgenden Aspekte eines zu konzipierenden Studiengangs zusammengefasst, die von der Mehrheit der Befragten als wünschenswert angegeben wurden:

- Berufsbegleitendes Studium: Die Unternehmen wünschen sich in der Mehrheit berufsbegleitende Studiengänge. Bei den Studierenden würden knapp 40 % einen berufsbegleitenden Masterstudiengang vorziehen.
- Blockveranstaltungen: Ein Großteil der befragten Unternehmen (45 %) hält Blockveranstaltungen für sinnvoll, bei den Studierenden liegen die Blockveranstaltungen (31 %) dicht hinter einem wöchentlichen Studium an zwei Tagen (36 %).
- Abschluss „Master of Engineering": Sowohl ein Großteil der Unternehmen als auch der Studierenden zieht den Abschluss Master of Engineering anderen Abschlüssen vor.

Die 26 identifizierten Studiengänge werden hinsichtlich ihrer Übereinstimmung mit diesen drei Aspekten überprüft, und das Ergebnis in der Spalte „betrachtete baubetriebliche Studiengänge" festgehalten. Die Studiengänge werden dabei – wie bereits in Kapitel 3.3.2 – anonymisiert mithilfe von Buchstaben von A bis Z dargestellt.

Umfrageergebnisse zu den Anforderungen an einen Masterstudiengang für Führungskräfte im Baubetrieb			betrachtete baubetriebliche Studiengänge				Anteil der Studiengänge, die Anforderungen erfüllen
Anforderung / Schwerpunkt	durschn. Note	Faktor	A	B	...	Z	
1. Rahmenbedingungen der Studiengänge							
Berufsbegleitendes Studium	-	1					
Blockveranstaltungen	.	1					
Abschluss: M. Eng.	.	1					
Übereinstimmung des Studiengangs mit den Anforderungen an die Rahmenbedingungen							

Tabelle 10: Allgemeiner Aufbau der Matrix // 1. Bereich Rahmenbedingungen des Studiengangs

In der Zeile „Übereinstimmung des Studiengangs mit den Anforderungen an die Rahmenbedingungen“ wird der prozentuale Erfüllungsgrad des jeweiligen Studiengangs dargestellt. Dabei würde die Erfüllung der drei Anforderungen „Berufsbegleitendes Studium“, „Blockveranstaltungen“ sowie „Abschluss M. Eng.“ zu einer 100 %igen Übereinstimmung führen, die Erfüllung nur eines der Kriterien entsprechend zu einer 33 %igen.

In der Spalte „Anteil der Studiengänge, die die Anforderungen erfüllen“ wird in Prozent angegeben, wie viele der betrachteten Studiengänge die jeweilige Anforderung aus der Zielgruppenbefragung erfüllen.

INHALTE DER STUDIENGÄNGE

Nachfolgend werden die Studieninhalte, die im Rahmen der Online-Unternehmensbefragung als mindestens „unverzichtbar“ bzw. „sehr wichtig“ bewertet wurden (Note mind. 2,5), als Kriterium für die Bewertung der baubetrieblichen Studiengänge hinsichtlich ihrer Übereinstimmung mit den Unternehmensanforderungen herangezogen. Die betrachteten Studiengänge werden hierbei unter Zuhilfenahme der online verfügbaren Informationen – wie Modulhandbüchern, Prüfungsordnungen, Flyer usw. – analysiert.[107]

Die Bewertung der Studieninhalte erfolgt anhand des folgenden Vorgehens:

Studieninhalte, die mit der Note 2,5 oder besser bewertet wurden, sind für die Ausbildung von Führungskräften im Baubetrieb als besonders relevant anzusehen. Diese werden nachfolgend anhand ihrer Relevanz in 0,5er-Schritten geclustert. Demnach erhalten alle Inhalte, die im Rahmen der Unternehmensbefragung mit einer Note zwischen 1,0 und 1,5 bewertet wurden, den Faktor 3, Inhalte mit einer Note zwischen 1,5 und 2,0 den Faktor 2 sowie Inhalte zwischen 2,0 und 2,5 den Faktor 1. Enthält ein Studiengang beispielsweise Inhalte des Termin-, Qualitäts- und Kostenmanagements, welches insgesamt mit einer Note von 1,43 bewertet wurde, so wird die Gewichtung 3 vergeben. Für den Fall, dass ein Studiengang alle als relevant erachteten Studieninhalte enthält, würde sich eine Summe von 60 Punkten ergeben.

In der Tabelle 11 ist ein exemplarischer Auszug aus dem Bewertungsschema dargestellt.

---

[107] Die Übersicht über die zur Verfügung stehenden und somit genutzten Informationsunterlagen ist dem Literaturverzeichnis unter „Informationsunterlagen Masterstudiengänge“ zu entnehmen.

Schwerpunkt	Note	Faktor	Vorh.?	Punkte
Arbeitsschutz				
Basis- und Aufbauwissen	1,76	2	ja	2
Arbeitsvorbereitung	1,64	2	ja	2
Praktische Übungen (z.B. im Arbeitsschutzzentrum)	2,46	1	ja	1
Ausschreibung und Vergabe von Bauleistungen	2,07	1	ja	1
Bauprojektmanagement				
Bauprojektabwicklung	1,43	3	ja	3
Bauablaufplanung	1,48	3	ja	3
...	...	...	...	...
Summe Punkte				**36**
Summe max. mögliche Punkte				**60**
Prozentuale Übereinstimmung mit den Anforderungen der Unternehmen				**60 %**

Tabelle 11: **Auszug aus dem Bewertungsschema der Studieninhalte in Abhängigkeit der Umfrageergebnisse der Unternehmensbefragung**

Für den beispielhaft im Bewertungsschema dargestellten Studiengang würde sich eine inhaltliche Übereinstimmung mit den Anforderungen der Unternehmen von 60 % ergeben.

Die insgesamt 26 Studiengänge werden gemäß diesem Schema hinsichtlich ihrer Übereinstimmung der Studieninhalte mit den spezifischen Anforderungen von Unternehmen an ihre Führungskräfte im Baubetrieb untersucht. Die Bewertung der Studieninhalte erfolgt dabei rein qualitativ, eine quantitative Bewertung in Form des zeitlichen Umfangs jedes Themengebietes kann aufgrund mangelnder Informationslage nicht vorgenommen werden.

An dieser Stelle wird darauf hingewiesen, dass die prozentualen Angaben bezogen auf die maximal zu vergebenden 60 Punkte keinesfalls eine qualitative Wertung der jeweiligen Studiengänge bedeutet. Abweichende Prozentangaben ergeben sich vielmehr dadurch, dass viele Studiengänge sehr viel breiter angelegt sind, als der Fokus der Ausbildung von Führungskräften im Baubetrieb es vorgibt. Ist ein Studiengang beispielsweise eher in Richtung Projektmanagement oder Unternehmensführung ausgerichtet, ergeben sich folglich divergierende Schwerpunkte im Studiengang. Gleiches gilt für Studiengänge, die den Fokus eher auf auftraggeberseitige Baumanagementaufgaben legen.

Die Ergebnisse dieser Bewertung werden im zweiten Teil der Matrix zusammengefasst. Der Aufbau dieser Matrix ist der Tabelle 12 zu entnehmen.

Umfrageergebnisse zu den Anforderungen an einen Masterstudiengang für Führungskräfte im Baubetrieb			betrachtete baubetriebliche Studiengänge				Anteil der Studiengänge, die die Anforderungen erfüllen
Anforderung / Schwerpunkt	durchschn. Note	Faktor	A	B	...	Z	
2. Inhalte der Studiengänge							
Arbeitsschutz							
...							
Bauprojektmanagement							
...							
Bauwirtschaft							
...							
Technische Innovation							
...							
Recht für Bauingenieure							
...							
Führungskompetenzen							
...							
Sonstiges							
...							
Summe Punkte							
Summe max. möglich Punkte							
Übereinstimmung des Studiengangs mit den Anforderungen der Unternehmen an Führungskräfte im Baubetrieb							

Tabelle 12: Allgemeiner Aufbau der Matrix // 2. Bereich Inhalte der Studiengänge

Wie bereits für die Rahmenbedingungen der Studiengänge wird auch bei der Betrachtung der Studieninhalte einerseits jeder Studiengang hinsichtlich seiner Übereinstimmung mit den Anforderungen betrachtet, andererseits wird überprüft, wie groß der Anteil der Studiengänge ist, die die jeweilige inhaltliche Anforderung erfüllen.

3.5.2 Auswertung der Matrix

Die Ergebnisse der Gegenüberstellung des Bildungsangebotes in Masterstudiengängen mit den Umfrageergebnissen der fachbezogenen Interessengruppen sind der Tabelle 13, die Matrix in Originalgröße der Anlage 6 zu entnehmen.

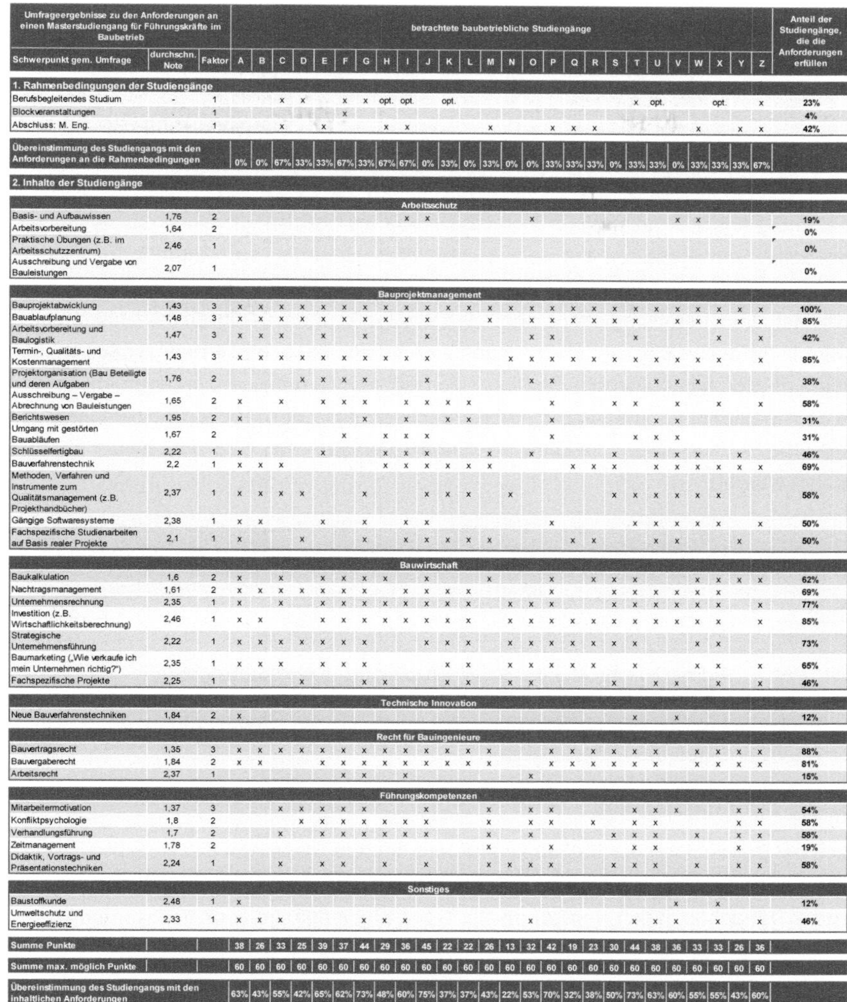

Umfrageergebnisse zu den Anforderungen an einen Masterstudiengang für Führungskräfte im Baubetrieb			betrachtete baubetriebliche Studiengänge																									Anteil der Studiengänge, die die Anforderungen erfüllen
Schwerpunkt gem. Umfrage	durchschn. Note	Faktor	A	B	C	D	E	F	G	H	I	J	K	L	M	N	O	P	Q	R	S	T	U	V	W	X	Y	Z	
1. Rahmenbedingungen der Studiengänge																													
Berufsbegleitendes Studium	-	1			x	x		x	x	opt.	opt.		opt.									x	opt.			opt.		x	23%
Blockveranstaltungen		1						x																					4%
Abschluss: M. Eng.		1			x		x			x	x				x			x	x	x					x		x	x	42%
Übereinstimmung des Studiengangs mit den Anforderungen an die Rahmenbedingungen			0%	0%	67%	33%	33%	67%	33%	67%	67%	0%	33%	0%	33%	0%	0%	33%	33%	33%	0%	33%	33%	0%	33%	33%	33%	67%	
2. Inhalte der Studiengänge																													
Arbeitsschutz																													
Basis- und Aufbauwissen	1,76	2									x	x					x							x	x				19%
Arbeitsvorbereitung	1,64	2																											0%
Praktische Übungen (z.B. im Arbeitsschutzzentrum)	2,46	1																											0%
Ausschreibung und Vergabe von Bauleistungen	2,07	1																											0%
Bauprojektmanagement																													
Bauprojektabwicklung	1,43	3	x	x	x	x	x	x	x	x	x	x	x	x	x	x	x	x	x	x	x	x	x	x	x	x	x	x	100%
Bauablaufplanung	1,48	3	x	x	x	x	x	x	x	x	x	x			x		x	x	x	x	x	x		x	x	x	x	x	85%
Arbeitsvorbereitung und Baulogistik	1,47	3	x	x	x		x		x			x					x	x				x				x		x	42%
Termin-, Qualitäts- und Kostenmanagement	1,43	3	x	x	x	x	x	x	x	x	x	x				x	x	x	x	x	x	x	x	x	x	x		x	85%
Projektorganisation (Bau Beteiligte und deren Aufgaben	1,76	2				x	x	x	x			x					x	x					x	x	x				38%
Ausschreibung – Vergabe – Abrechnung von Bauleistungen	1,65	2	x		x		x	x	x		x	x	x	x				x			x	x		x		x		x	58%
Berichtswesen	1,95	2	x						x		x		x	x				x					x	x					31%
Umgang mit gestörten Bauabläufen	1,67	2						x		x	x	x						x				x	x	x					31%
Schlüsselfertigbau	2,22	1	x				x			x	x	x			x		x				x		x	x	x		x		46%
Bauverfahrenstechnik	2,2	1	x	x	x					x	x	x	x	x	x				x	x	x		x	x	x	x	x	x	69%
Methoden, Verfahren und Instrumente zum Qualitätsmanagement (z.B. Projekthandbücher)	2,37	1	x	x	x	x			x			x	x	x		x					x	x	x	x	x	x			58%
Gängige Softwaresysteme	2,38	1	x	x			x		x		x	x						x				x	x	x	x	x		x	50%
Fachspezifische Studienarbeiten auf Basis realer Projekte	2,1	1	x			x			x		x	x	x	x	x				x	x			x	x			x		50%
Bauwirtschaft																													
Baukalkulation	1,6	2	x		x		x	x	x	x		x			x			x		x	x	x			x	x	x	x	62%
Nachtragsmanagement	1,61	2	x	x	x	x	x	x	x		x	x	x	x				x			x	x	x	x	x	x			69%
Unternehmensrechnung	2,35	1	x		x		x	x	x	x	x	x	x	x		x	x	x			x	x	x	x	x	x		x	77%
Investition (z.B. Wirtschaftlichkeitsberechnung)	2,46	1	x	x			x	x	x	x	x	x	x	x		x	x	x	x	x	x	x	x	x	x	x		x	85%
Strategische Unternehmensführung	2,22	1	x	x	x	x	x	x	x			x	x	x		x	x	x	x	x	x	x			x	x			73%
Baumarketing („Wie verkaufe ich mein Unternehmen richtig?")	2,35	1	x	x	x		x	x	x				x	x		x	x	x	x	x		x			x	x		x	65%
Fachspezifische Projekte	2,25	1				x			x	x			x	x		x	x				x		x	x		x		x	46%
Technische Innovation																													
Neue Bauverfahrenstechniken	1,84	2	x																			x		x					12%
Recht für Bauingenieure																													
Bauvertragsrecht	1,35	3	x	x	x	x	x	x	x	x	x	x	x	x	x			x	x	x	x	x	x		x	x	x	x	88%
Bauvergaberecht	1,84	2	x	x			x	x	x	x	x	x	x	x	x			x	x	x	x	x	x		x	x	x	x	81%
Arbeitsrecht	2,37	1						x	x		x						x												15%
Führungskompetenzen																													
Mitarbeitermotivation	1,37	3			x	x	x	x	x			x			x		x	x				x	x	x			x	x	54%
Konfliktpsychologie	1,8	2				x	x	x	x	x	x	x			x		x	x		x		x	x				x	x	58%
Verhandlungsführung	1,7	2			x		x	x	x	x	x	x			x		x				x	x	x		x		x	x	58%
Zeitmanagement	1,78	2													x			x				x	x				x		19%
Didaktik, Vortrags- und Präsentationstechniken	2,24	1			x		x	x		x		x			x	x	x	x			x	x	x		x		x	x	58%
Sonstiges																													
Baustoffkunde	2,48	1	x																					x		x			12%
Umweltschutz und Energieeffizienz	2,33	1	x	x	x				x	x	x						x					x	x	x		x		x	46%
Summe Punkte			38	26	33	25	39	37	44	29	36	45	22	22	26	13	32	42	19	23	30	44	38	36	33	33	26	36	
Summe max. möglich Punkte			60	60	60	60	60	60	60	60	60	60	60	60	60	60	60	60	60	60	60	60	60	60	60	60	60	60	
Übereinstimmung des Studiengangs mit den inhaltlichen Anforderungen			63%	43%	55%	42%	65%	62%	73%	48%	60%	75%	37%	37%	43%	22%	53%	70%	32%	38%	50%	73%	63%	60%	55%	55%	43%	60%	

Tabelle 13: Matrix // Gegenüberstellung des Bildungsangebotes mit den Anforderungen der fachbezogenen Interessengruppen

Sowohl hinsichtlich der Rahmenbedingungen als auch der Inhalte der Studiengänge existiert aktuell kein Studiengang am Markt, der die Anforderungen der Unternehmen vollständig abdeckt. Nachfolgend wird die Matrix erneut getrennt nach Rahmenbedingungen sowie Inhalten der Studiengänge betrachtet.

Rahmenbedingungen der Studiengänge

Es existiert kein Masterstudiengang, der die drei Anforderungen

- Berufsbegleitendes Studium,
- Blockveranstaltungen sowie
- Abschluss: Master of Engineering

vollständig erfüllt. Studiengang C und Z werden als berufsbegleitende Studiengänge angeboten und schließen mit dem Master of Engineering ab, bieten jedoch keine Blockveranstaltungen an. Gleiches gilt für die Studiengänge H und I, die optional zum Vollzeitstudium berufsbegleitend absolviert werden können. Lediglich der Studiengang F wird in Form von Blockveranstaltungen angeboten, dieser erfüllt zwar zusätzlich das Kriterium „Berufsbegleitendes Studium", schließt jedoch mit einem anderen Abschluss als dem Master of Engineering ab. Dieser Sachverhalt ist der Tabelle 14 zu entnehmen, wobei die Studiengänge, die keins der Kriterien erfüllen, der Übersicht halber ausgeblendet wurden.

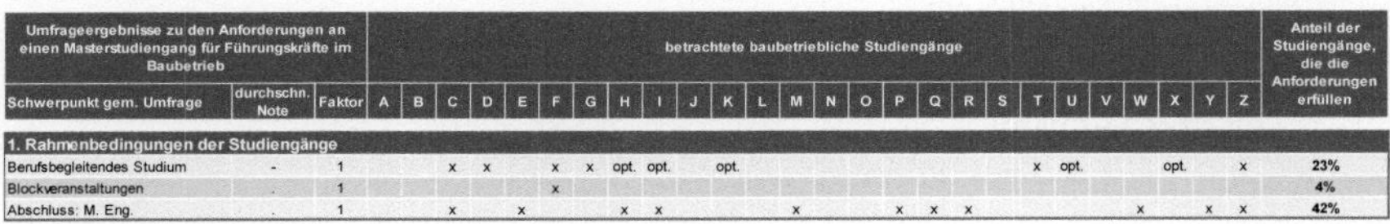

Umfrageergebnisse zu den Anforderungen an einen Masterstudiengang für Führungskräfte im Baubetrieb			betrachtete baubetriebliche Studiengänge																										Anteil der Studiengänge, die die Anforderungen erfüllen
Schwerpunkt gem. Umfrage	durchschn. Note	Faktor	A	B	C	D	E	F	G	H	I	J	K	L	M	N	O	P	Q	R	S	T	U	V	W	X	Y	Z	
1. Rahmenbedingungen der Studiengänge																													
Berufsbegleitendes Studium	-	1			x	x		x	x	opt.	opt.		opt.									x	opt.			opt.		x	**23%**
Blockveranstaltungen	.	1						x																					**4%**
Abschluss: M. Eng.	.	1			x		x			x	x				x			x	x	x					x		x	x	**42%**

Tabelle 14: Auszug aus der Matrix // Rahmenbedingungen der Studiengänge

Unter Vernachlässigung des Abschlusstitels entspricht der Studiengang F am ehesten den Anforderungen der Unternehmen.

Inhalte der Studiengänge

Auch bei Betrachtung der Studieninhalte wird deutlich, dass kein Studiengang die Anforderungen der Unternehmen in Gänze erfüllt. Nachfolgend werden die Studieninhalte separat betrachtet, die in weniger als 50 % der Studiengänge vermittelt werden.

Umfrageergebnisse zu den Anforderungen an einen Masterstudiengang für Führungskräfte im Baubetrieb			Anteil der Studiengänge, die die Anforderungen erfüllen
Schwerpunkt gem. Umfrage	durchschn. Note	Faktor	
2. Inhalte der Studiengänge			
Arbeitsschutz			
Basis- und Aufbauwissen	1,76	2	**19%**
Arbeitsvorbereitung	1,64	2	**0%**
Praktische Übungen (z.B. im Arbeitsschutzzentrum)	2,46	1	**0%**
Ausschreibung und Vergabe von Bauleistungen	2,07	1	**0%**
Bauprojektmanagement			
Arbeitsvorbereitung und Baulogistik	1,47	3	**42%**
Projektorganisation (Bau Beteiligte und deren Aufgaben	1,76	2	**38%**
Berichtswesen	1,95	2	**31%**
Umgang mit gestörten Bauabläufen	1,67	2	**31%**
Schlüsselfertigbau	2,22	1	**46%**
Bauwirtschaft			
Fachspezifische Projekte	2,25	1	**46%**
Technische Innovation			
Neue Bauverfahrenstechniken	1,84	2	**12%**
Recht für Bauingenieure			
Arbeitsrecht	2,37	1	**15%**
Führungskompetenzen			
Zeitmanagement	1,78	2	**19%**
Sonstiges			
Baustoffkunde	2,48	1	**12%**
Umweltschutz und Energieeffizienz	2,33	1	**46%**
Summe Punkte			
Summe max. möglich Punkte			
Übereinstimmung des Studiengangs mit den inhaltlichen Anforderungen			

und deren Aufgaben 1,76 2 38%
Berichtswesen 1,95 2 31%
Umgang mit gestörten Bauabläufen 1,67 2 31%
Schlüsselfertigbau 2,22 1 46%
Fachspezifische Projekte 2,25 1 46%

Tabelle 15: Auszug aus der Matrix // Studieninhalte, die in weniger als 50 % der betrachteten Studiengänge vermittelt werden

Besonders stark fällt die Tatsache auf, dass in fast keinem Studiengang Inhalte des Arbeitsschutzes vermittelt werden. Basis- und Aufbauwissen des Arbeitsschutzes werden in lediglich 19 % der Studiengänge vermittelt, spezifisches Fachwissen für die Phasen der Arbeitsvorbereitung, die Ausschreibung und Vergabe von Bauleistungen sowie praktische Übungen zur Anwendung der gewonnenen Arbeitsschutzkenntnisse sind in keinem der 26 Studiengänge Bestandteil der Ausbildung.

Unter dem Oberbegriff des Bauprojektmanagements fällt auf, dass das Thema der Arbeitsvorbereitung und Baulogistik – welches von den Unternehmen als unverzichtbar bewertet wurde – lediglich in 42 % der betrachteten Studiengänge vermittelt wird. Ähnliches gilt für die Bereiche Projektorganisation, Berichtswesen, Umgang mit gestörten Bauabläufen sowie Themengebiete aus dem Bereich des Schlüsselfertigbaus.

Die bauwirtschaftlichen Themen werden in mehr als 50 % der Studiengänge abgedeckt, eine Ausnahme stellen hier fachspezifische Projekte dar.

Technische Innovationen, z.B. im Bereich von neuen Bauverfahrenstechniken, sind ebenfalls in einem Großteil der betrachteten Studiengänge kein Bestandteil der Ausbildung.

Aus dieser Tatsache lässt sich ableiten, dass die Studierenden im Rahmen ihres Studiums nicht bzw. nur unzureichend auf die Anforderungen der Berufspraxis als Führungskraft im Baubetrieb vorbereitet werden.

3.5.3 Zusammenfassung des Bildungsmarktes sowie -bedarfes

Die Analyse des Bildungsmarktes sowie -bedarfes hat gezeigt, dass eine starke Divergenz zwischen den Anforderungen der Unternehmen an ihre Nachwuchskräfte im Baubetrieb und der derzeitigen Ausbildung dieser Nachwuchskräfte besteht. So sind beispielsweise die Bereiche Arbeitsschutz, Arbeitsvorbereitung und Baulogistik, Technische Innovationen sowie Zeitmanagement nur unzureichend in die Ausbildung der Nachwuchsführungskräfte im Baubetrieb eingebunden, zeitgleich sehen die Unternehmen diese Kenntnisse jedoch als unverzichtbar bzw. sehr wichtig an.

Zudem ist den Bauunternehmen eine starke Orientierung der Studieninhalte an den Prozessen der Bauprojektabwicklung wichtig, um den zukünftigen Führungskräften im Baubetrieb eine ganzheitliche, prozessorientierte Denkweise zu vermitteln. Diese Forderung der Unternehmen entspricht dem Bestreben der Professoren, die ebenfalls eine praxisgerechte, prozessorientierte Ausrichtung der Lehrinhalte im Baubetrieb als notwendig erachten.[108]

Abbildung 29: Erfüllung des Teilziels 2 // Analyse des Bildungsmarktes sowie -bedarfes

Dieser Sachverhalt deckt sich mit einer allgemeinen Studie von STARK, der die Verteilung der Absolventen der Hochschulen den Anforderungen aus der Wirtschaft gegenüberstellt. In diesem Zusammenhang sieht die Verteilung wie folgt aus:

[108] Vgl. Berner, Hahr in Bauingenieur (2006), S. 113

Ausbildung Ist	*Anforderungen Soll*	
51 %	*35 %*	*Konstruktiver Ingenieurbau*
16 %	*40 %*	*Baubetrieb*
15 %	*3 %*	*Wasserbau, Siedlungswasserwirtschaft*
8 %	*4 %*	*Verkehrswesen, Raumplanung*
6 %	*11 %*	*Grundbau*
4 %	*7 %*	*Sonstige (Umwelt, Bauinformatik etc.)*

Tabelle 16: Verteilung der Absolventen der Hochschulen und Anforderungen[109]

Demnach besteht insbesondere im Baubetrieb ein großer Bedarf an Hochschulabsolventen, der über die Ausbildung an Hochschulen nur unzureichend gedeckt werden kann.

STARK spricht ferner davon, dass diese Divergenz zu einer Verlagerung der Vorlesungsschwerpunkte führen muss, wobei die Kompetenzen des konstruktiven Bereichs weiterhin zwingende Voraussetzung sind. Um dieses Ziel zu erreichen, bietet sich aus STARKs Sicht an, eine breite Grundlagenausbildung anzubieten, die anschließend über Weiterbildungsstudiengänge oder sonstige Fortbildungen auf die Anforderungen des jeweiligen Berufes spezialisiert werden kann. [110]

> *„Nur die großen Firmen können diese Weiterbildung leisten, die kleinen und mittleren Firmen sind auf die praxisnahe Ausbildung durch die Hochschulen angewiesen. Duale Studiengänge werden Praxis und Hochschule noch stärker verbinden.“*[111]

Diese These unterstützt die Ergebnisse der Unternehmensbefragung: Es fehlt an stark spezialisierten (Weiterbildungs-)Angeboten, die auf die spezifische Anforderungen von unterschiedlichen Berufsbildern ausgerichtet sind.

[109] Stark (2006), S.184
[110] Vgl. Stark (2006), S.185
[111] Stark (2006), S.185

4 Entwicklung des Kompetenzprofils „Führungskräfte im Baubetrieb“

Ziel dieses Kapitels ist es, das Kompetenzprofil für das Berufsbild „Führungskräfte im Baubetrieb“ zu definieren und somit die letzte Einflussgröße für die nachfolgende Entwicklung des Kompetenzmodells zu bestimmen.

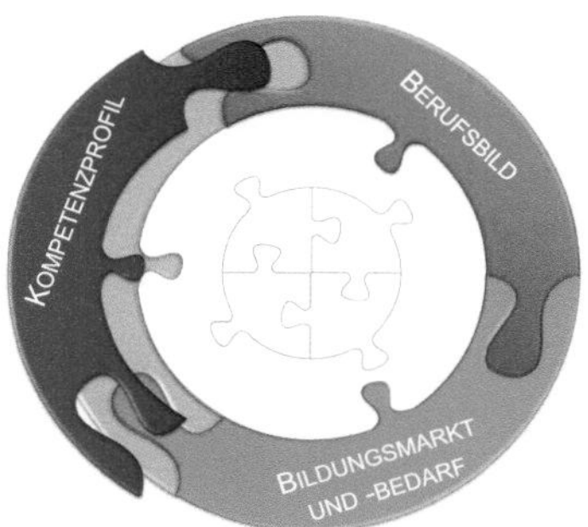

Abbildung 30: Teilziel 3 // Entwicklung des Kompetenzprofils „Führungskräfte im Baubetrieb“

Die Arbeitsaufgaben von Führungskräften – und damit auch die erforderliche Handlungskompetenz – variieren stark in Abhängigkeit der Unternehmensgröße, -struktur sowie der jeweiligen Projektgröße. Wie bereits in Kapitel 2 erläutert, übernehmen Bauleiter in kleinen Unternehmen häufig neben der eigentlichen Bauleitung auch Aufgaben wie Kalkulation, Arbeitsvorbereitung und teilweise auch Akquisetätigkeiten. In größeren Unternehmen hingegen sind separate Abteilungen für die jeweiligen Tätigkeiten zuständig.

Um flexibel einsetzbare und für alle Unternehmensgrößen geeignete Führungskräfte im Baubetrieb auszubilden, ist es mithin von großer Bedeutung, dass sie Kompetenzen in allen Bereichen der Bauausführung erwerben.

In den unterschiedlichen Phasen des Bauprozesses fallen verschiedene (Teil-)Aufgaben an, für die wiederum unterschiedliche Kompetenzen zur erfolgreichen Bearbeitung notwendig sind. Um die Anforderungen an eine handlungsfähige Führungskraft im Baubetrieb zu erfüllen, ist es somit unumgänglich, die einzelnen Aufgaben hinsichtlich ihrer notwendigen Kompetenzen zu analysieren. Auf Basis der Gesamtheit aller Kompetenzen lässt sich ein Kompetenzprofil erstellen.

Dieses Kompetenzprofil stellt anschließend die Ausgangsbasis für die Entwicklung eines Kompetenzmodells zur prozessorientierten Ausbildung von Führungskräften im

Baubetrieb dar (Kapitel 5). Die relevanten Kompetenzen müssen im Rahmen des Ausbildungsmodells schrittweise erarbeitet werden, sodass sichergestellt werden kann, dass die spezifischen Anforderungen der Bauunternehmen – die aus ihren Unternehmensprozessen entstehen – in der Ausbildung eine adäquate Berücksichtigung finden.

4.1 Vorgehen zur Definition des Kompetenzprofils „Führungskräfte im Baubetrieb“

Zu Beginn dieses Kapitels erfolgt die Definition des Begriffs Prozess. Anschließend wird – zur Definition von Kenntnissen, Kompetenzen sowie Fähigkeiten, die für erfolgreiche Führungskräfte im Baubetrieb unabdingbar sind – der Bauprozess als solches betrachtet. Dieser gliedert sich in die folgenden Prozessschritte:

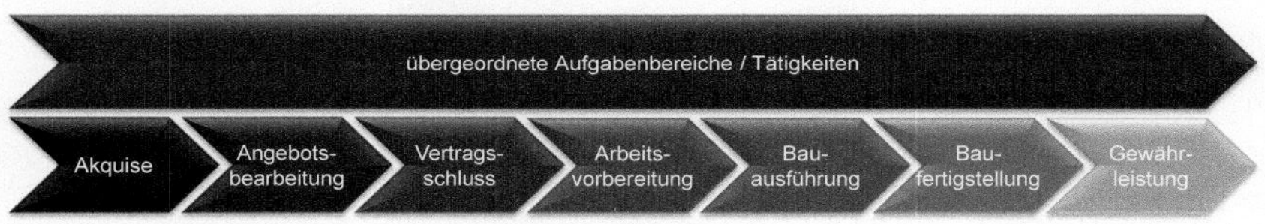

Abbildung 31: Prozess der Bauprojektabwicklung

Um die in den jeweiligen Prozessphasen notwendigen Tätigkeiten – und daraus abgeleitet die relevanten Kompetenzen – der Führungskräfte im Baubetrieb strukturiert zu erfassen, werden Standardprozesse der Bauprojektabwicklung als Ausgangsbasis herangezogen.

Diese Standardprozesse wurden im Rahmen eines Forschungsprojektes[112] an der Bergischen Universität Wuppertal auf Basis von vier durchgeführten Ist-Prozessanalysen entwickelt. Die Prozessanalysen wurden in den folgenden Unternehmensbereichen durchgeführt:

- Betrachtung der Bauleitungsprozesse in einem Unternehmen, welches als Generalunternehmer agiert,
- Betrachtung der Bauleitungsprozesse in einem Unternehmen, welches als Nachunternehmer Ausbauleistungen erbringt,
- Betrachtung der Bauleitungsprozesse bei einem Baulogistik-Dienstleister,

[112] Auftragsforschung für die SEAR GmbH im Rahmen des Forschungsprojektes „Entwicklung einer komplexen Technologie für die umfassende Prozess- und Ablaufautomatisierung auf Großbaustellen“

- Betrachtung von Prozessen im erweiterten Aufgabenfeld der Führungskräfte im Baubetrieb (Akquise, Kalkulation, Gewährleistung etc.) in einem Unternehmen, welches i.d.R. Generalunternehmerleistungen erbringt sowie
- Verifizierung der vorab durchgeführten Prozessanalysen.

Aus diesen Ist-Prozessanalysen wurden Standardprozesse abgeleitet und diese um weitere relevante Aspekte sowie übergeordnete Prozesse/Aufgabenbereiche ergänzt.

Die Prozessanalysen wurden in größeren Unternehmen durchgeführt, anschließend jedoch so aufbereitet, dass sie auch für kleine bzw. mittelständische Bauunternehmen Gültigkeit besitzen.

Die jeweiligen Prozesse werden – je nach Gliederungstiefe – in Unterprozesse und die Unterprozesse wiederum in Tätigkeiten eingeteilt. Die festgelegten Tätigkeiten werden anschließend zur Definition der Kompetenzen herangezogen.

Im Anschluss an die Definition aller Kompetenzen je Prozessschritt bzw. Teilaufgabe werden übergeordnete Kompetenzfelder aus den Bereichen Fach-, Methoden-, Selbst- und Sozialkompetenz benannt. Die identifizierten Kompetenzen je Teilaufgabe werden in eine Matrix übertragen und dem jeweiligen Kompetenzfeld zugeordnet.

Auf Basis dieser Zuordnung erfolgt die Definition des Kompetenzprofils „Führungskräfte im Baubetrieb".

Der Vollständigkeit halber ist an dieser Stelle darauf hinzuweisen, dass neben den benannten Kompetenzfeldern weitere Kompetenzen für die Handlungsfähigkeit der Führungskräfte im Baubetrieb notwendig sind, diese jedoch allgemeingültig sind bzw. sich eher auf die Persönlichkeitsstruktur des Einzelnen beziehen und somit schwer beeinflussbar sind. In diesem Zusammenhang werden nur die Kompetenzfelder betrachtet, die im Rahmen einer akademischen Weiterbildung vermittelt bzw. verstärkt werden können.

4.2 Begriff Prozess

Der Begriff Prozess kann als *„sich über eine gewisse Zeit erstreckender Vorgang, bei dem etwas [allmählich] entsteht, sich herausbildet"*[113]definiert werden. Synonyme sind *Abfolge, Ablauf, Chronologie, […] Verlauf, Vorgang oder Workflow"*[114].

---

[113] Duden (2014c)
[114] Duden (2014c)

In der Literatur wird der Begriff Prozess unterschiedlich definiert. Die DIN EN ISO 9000 definiert einen Prozess als *„Satz von in Wechselbeziehung oder Wechselwirkung stehenden Tätigkeiten, der Eingaben in Ergebnisse umwandelt.“*[115]

BECKER/KUGELER/ROSEMANN beschreiben den Prozess als *„inhaltlich abgeschlossene, zeitliche und sachlogische Folge von Aktivitäten, die zur Bearbeitung eines betriebswirtschaftlich relevanten Objektes notwendig sind.“*[116]

Charakteristisch für Prozesse ist dabei, dass sie das Ziel haben, durch Eingaben (Inputfaktoren) bestimmte Ergebnisse (Output) zu erzeugen.[117] Prozesse lassen sich hierbei hinsichtlich ihres Aufbaus in Haupt- sowie Teilprozesse unterscheiden. Der Auftragsabwicklungsprozess beispielsweise stellt einen Hauptprozess in Unternehmen dar, der in verschiedene Teilprozesse zerlegt werden kann. Aus diesem Teilprozess ergeben sich nunmehr einzelne Tätigkeiten, die zur Erfüllung des Teilprozesses notwendig sind.[118]

Zudem lassen sich Prozesse hinsichtlich ihrer primären oder unterstützenden Charakteristik gliedern, wobei primäre Prozesse unmittelbar wertschöpfend sind und somit in direktem Zusammenhang mit dem herzustellenden Produkt stehen, während Hilfs-/ bzw. Unterstützungsprozesse keine eigene Wertschöpfung betreiben, zur Durchführung der Primärprozesse jedoch unabdingbar sind. Das Rechnungswesen stellt beispielsweise einen derartigen Hilfsprozess dar.[119]

4.3 Standardprozesse der Bauprojektabwicklung im Handlungsfeld der Führungskräfte im Baubetrieb

Nachfolgend wird ein Überblick über den Hauptprozess der Bauprojektabwicklung gegeben. Aufgrund des Umfanges seiner jeweiligen Teilprozesse und Tätigkeiten beschränkt sich die Darstellung auf den Hauptprozess sowie die Teilprozesse der ersten Gliederungsebene.

Wie in Abbildung 32 dargestellt, gliedert sich der Bauprozess wie folgt:

- Prozesse innerhalb der Akquise (Kapitel 4.3.1),
- Prozesse innerhalb der Angebotsbearbeitung (Kapitel 4.3.2),
- Prozesse innerhalb des Vertragsschlusses (Kapitel 4.3.3),
- Prozesse innerhalb der Arbeitsvorbereitung (Kapitel 4.3.4),

[115] DIN EN ISO 9000 (2005), S. 23
[116] Becker et al. (2012), S. 6
[117] Schmidt (2012), S. 1
[118] Vgl. Füermann, Dammasch (2008), S. 9
[119] Vgl. Becker et al. (2012), S. 7

- Prozesse innerhalb der Bauausführung (Kapitel 4.3.5),
- Prozesse innerhalb der Baufertigstellung (Kapitel 4.3.6),
- Prozesse innerhalb der Gewährleistung (Kapitel 4.3.7) und
- Übergeordnete Aufgabenbereiche (Kapitel 4.3.8).

Zur Erläuterung der Entwicklung des Kompetenzprofils wird exemplarisch der Unterprozess der Grobterminplanung im Rahmen der Angebotsbearbeitung dezidiert betrachtet (Kapitel 4.3.9).

Alle Prozessmodelle sowie die ergänzenden Prozessbeschreibungen sind der Anlage 7 zu entnehmen.

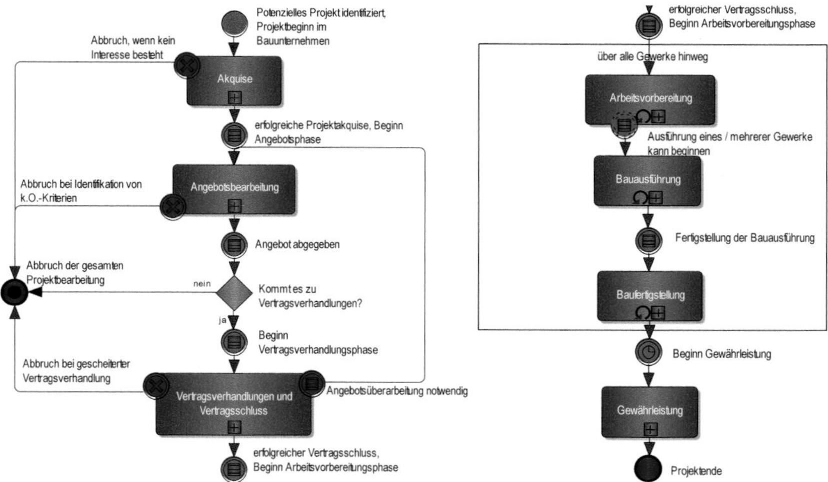

Abbildung 32: Hauptprozess der Bauprojektabwicklung

Bei Identifikation eines potenziellen Projektes bzw. bei Bedarf an neuen Bauprojekten im Unternehmen beginnt der Prozess der Bauprojektabwicklung. Hierbei stellt die Akquise den ersten Teilprozess dar. Wurde das Projekt im Rahmen dieses Prozesses als nicht interessant, zu risikoreich etc. identifiziert, erfolgt der Abbruch der Akquisetätigkeiten und mit diesem der Abbruch der gesamten Projektbearbeitung.

Nach erfolgreichem Akquiseprozess hingegen beginnt der Angebotsprozess, in dem die Angebotsbearbeitung erfolgt. Auch in dieser Phase ist ein Prozessabbruch möglich.

Erfolgt die Angebotsabgabe, so wartet das Bauunternehmen zunächst auf die Information, ob es zu Vertragsverhandlungen kommt. Das Unternehmen hakt nach, wenn es im Vergabeverfahren zu Verzögerungen kommt und versucht auftretende Unklarheiten zu beseitigen. Gehört das Bauunternehmen nicht zu den wirtschaftlichsten Anbietern, sodass keine Vertragsverhandlungen durchgeführt werden, erfolgt der Projektabbruch.

Insofern das Angebot für den Auftraggeber im Vergleich zu den konkurrierenden Angeboten zu den wirtschaftlichsten zählt, werden die Vertragsverhandlungen durchgeführt. Dabei kann der Fall eintreten, dass die Überarbeitung des Angebotes gefordert wird. Hier startet der Prozess der Angebotsbearbeitung erneut und die Vertragsverhandlungen werden anschließend wieder aufgenommen. Auch im Rahmen der Vertragsverhandlungen kann es zum Projektabbruch kommen.

Sind die Vertragsverhandlungen erfolgreich, wird der Vertrag geschlossen und die Arbeitsvorbereitungsphase kann beginnen.

Die Arbeitsvorbereitung sowie die sich anschließende Bauausführung werden jeweils über alle Gewerke hinweg ausgeführt. So beginnt die Arbeitsvorbereitungsphase im Falle eines Neubaus mit der Arbeitsvorbereitung von Erd- und Rohbauarbeiten; wenn diese Gewerke in die Bauausführung gehen, kann die Vorbereitung der nachlaufenden Gewerke parallel weiterlaufen.

Sobald die Bauausführung (für ein Gewerk) abgeschlossen ist, beginnt der Prozess der Baufertigstellung. Auch hier tritt häufig der Fall ein, dass ein Gewerk bereits abgenommen und schlussabgerechnet wurde, während das andere sich noch in der Phase der Bauausführung oder Arbeitsvorbereitung befindet.

An die Baufertigstellung schließt sich die Gewährleistung an. Mit Ablauf der Gewährleistungsphase gilt das Projekt als beendet.

4.3.1 Prozesse innerhalb der Akquise

Sobald im Unternehmen ein potenzielles Projekt identifiziert wurde, beginnt der Prozess der Akquise (s. Abbildung 33). Zunächst erfolgt die Projektselektion, in der das Projekt analysiert und überprüft wird, ob bereits Erfahrungen mit dem Bauherrn vorliegen. Wird das Projekt im Rahmen dieser ersten Projektselektion als nicht interessant eingestuft, so erfolgt der Projektabbruch.

Wird das Projekt hingegen als interessant eingestuft, schließt sich der Teilprozess der Akquisition an. Ist keine Projektakquise möglich, erfolgt auch hier ein Projektabbruch. Nach erfolgreicher Projektakquise wird der Prozess Akquise beendet und der Prozess der Angebotsbearbeitung kann beginnen.

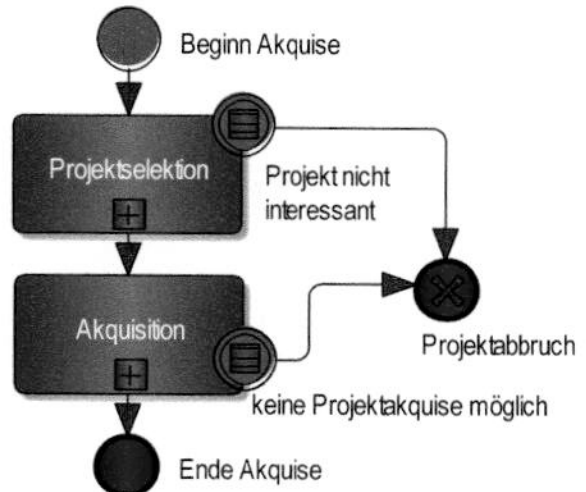

Abbildung 33: Prozesse innerhalb der Akquise

4.3.2 Prozesse innerhalb der Angebotsbearbeitung

Der Prozess der Angebotsbearbeitung (s. Abbildung 34) stellt einen Teilprozess des Hauptprozesses der Bauprojektabwicklung dar und beinhaltet seinerseits weitere Unterprozesse.

Sobald die Ausschreibungsunterlagen im Bauunternehmen vorliegen, beginnt der Angebotsprozess und die notwendigen Vorarbeiten können durchgeführt werden. Sobald diese abgeschlossen sind, starten die folgenden Prozesse teils parallel, teils zeitlich versetzt:

- Kalkulation (Kostenermittlung),
- Grobterminplanung,
- Organigrammerstellung,
- Liquiditätsplanung grob sowie
- Vertragsprüfung.

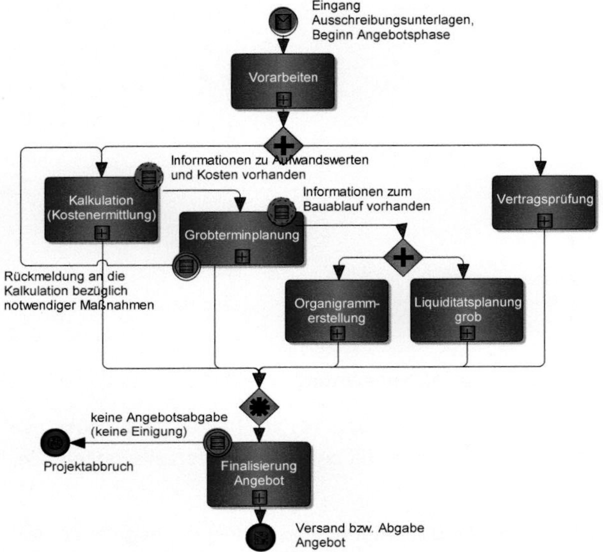

Abbildung 34: Prozesse innerhalb der Angebotsbearbeitung

Die eigentliche Angebotsbearbeitung beginnt mit dem Prozess Kalkulation (Kostenermittlung), also der Angebotskalkulation sowie der Vertragsprüfung. Sobald Informationen zu Aufwandswerten und Kosten vorliegen, kann der Prozess Grobterminplanung starten. Falls die Erstellung des Grobterminplans Anpassungen in der Kalkulation erfordert, erfolgt eine Rückmeldung an den Prozess der Kalkulation. Ist die Grobterminplanung derart weit fortgeschritten, dass (erste) Informationen zum Bauablauf vorhanden sind, können die Prozesse Organigrammerstellung und Liquiditätsplanung grob parallel gestartet werden.

Nachdem die vorgenannten Prozesse abgeschlossen sind, startet der Prozess Finalisierung Angebot. Dieser Prozess stellt die letzte Möglichkeit des Projektabbruchs vor Angebotsabgabe dar. Für den Fall, dass das Projekt angeboten werden soll, erfolgt der Versand bzw. die Abgabe des Angebotes, und der Prozess der Angebotsbearbeitung ist abgeschlossen.

4.3.3 Prozesse innerhalb der Vertragsphase

Sobald das Angebot abgegeben wurde und es zu Vertragsverhandlungen kommt, beginnt die Vertragsphase, die sich einerseits aus den Vertragsverhandlungen sowie –

bei erfolgreicher Verhandlungsführung – dem Vertragsschluss, andererseits aus dem Erstellen der Vertragskalkulation zusammensetzt (s. Abbildung 35).

Ziel dieser Phase ist es, den Bauvertrag so auszuarbeiten, dass der Vertrag möglichst lückenlos ist, sodass Streitigkeiten während der Bauausführung möglichst vermieden werden können bzw. für eventuelle Unklarheiten vertragliche Regelungen vorgesehen sind.[120]

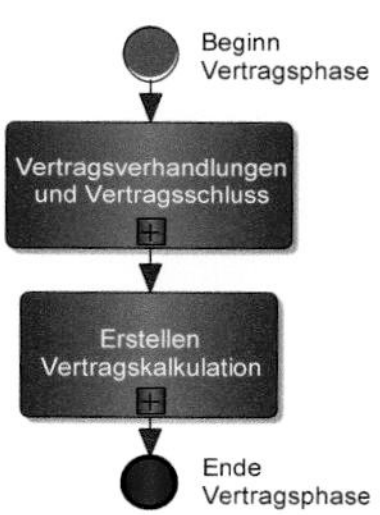

Abbildung 35: Prozesse innerhalb der Vertragsphase

4.3.4 Prozesse innerhalb der Arbeitsvorbereitung

Die Phase der Arbeitsvorbereitung (s. Abbildung 36) schließt unmittelbar an die Vertragsphase an. Es müssen in diesem Stadium sämtliche vorbereitenden Maßnahmen getroffen werden, um eine reibungslose, störungsfreie und sichere Bauausführung zu gewährleisten. Dafür sind die folgenden Prozesse von größter Bedeutung:

- Erstellung der Arbeitskalkulation,
- Terminfeinplanung,
- Liquiditätsfeinplanung,
- Beauftragung und Durchführung der Ausführungsplanung bzw. Begleitung der bauherrenseitigen Ausführungsplanung,
- Ressourcen-/Personaleinsatzplanung,
- Planung Baustelleneinrichtung,
- Planung Baulogistik,
- Ausschreibung und Vergabe von Bauleistungen,
- Fortschreibung Arbeitskalkulation,
- Fortschreibung Terminfeinplanung und
- Fortschreibung Liquiditätsplanung.

[120] Vgl. Girmscheid (2010), S. 102

Es können – je nach vertraglichen Konstellationen oder sonstigen Rahmenbedingungen – weitere Prozesse hinzukommen, sodass diese Darstellung keinen Anspruch auf Vollständigkeit erhebt.

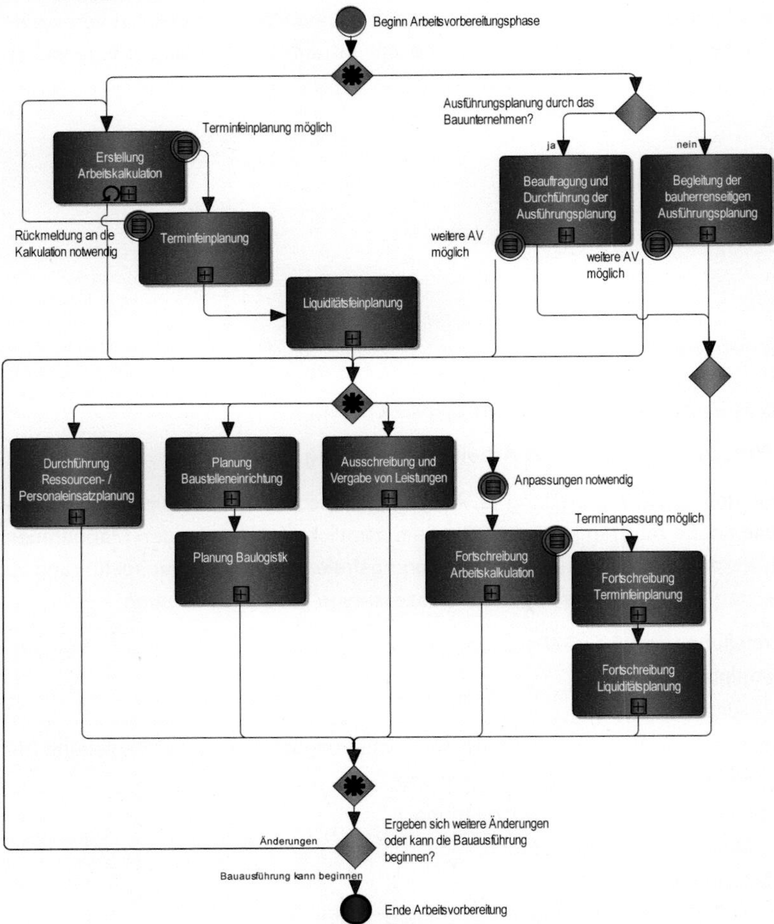

Abbildung 36: Prozesse innerhalb der Arbeitsvorbereitung

4.3.5 Prozesse innerhalb der Bauausführung

Der Prozess der Bauausführung (s. Abbildung 37) geht nahtlos aus der Arbeitsvorbereitung hervor; viele Prozessschritte überschneiden sich auch, insbesondere hinsichtlich unterschiedlicher Gewerke. So setzt die Bauausführung des Rohbaus sehr früh ein, die Ausbaugewerke befinden sich jedoch weiterhin in der Arbeitsvorbereitungsphase. Der nachfolgend dargestellte Standardprozess ist somit nicht als ein einmalig angestoßener und durchlaufener Vorgang zu betrachten, vielmehr werden einzelne Unterprozesse über den Bauablauf immer wieder aktiviert.

Sobald der Beginn der Bauausführung möglich ist, startet der Prozess der Baustelleneinrichtung. Erfolgt der erneute Start des Prozesses der Bauausführung – etwa für ein weiteres Gewerk –, so ist die Baustelle nicht neu einzurichten, die vorhandene Baustelleneinrichtung wird jedoch weiterhin instandgehalten und bei Bedarf an die neuen Anforderungen angepasst. Die Prozesse der Ressourcen-/Materialermittlung sowie des Materialabrufs und der Abstimmung des Liefertermins wurden dem Prozess der Bauausführung zugeordnet, es ist allerdings auch denkbar, dass diese Tätigkeiten der Arbeitsvorbereitung zugeordnet werden.

Nachdem das notwendige Material bzw. die notwendigen Ressourcen ermittelt wurden, erfolgt ihr Abruf. Anschließend wartet der Prozess auf die geplante Warenlieferung. Ist die Warenlieferung nicht pünktlich, so wird die Verspätung geklärt und ein neuer Liefertermin vereinbart. Ist die Lieferung pünktlich, so setzt der Prozess der Versorgungslogistik – also der Wareneingang, die Warenkontrolle und ggf. Lagerung bzw. Verbringung der Ware – ein. Sind die relevanten Materialien auf der Baustelle, kann die eigentliche Bauausführung beginnen. Dabei steht selbstverständlich die Leistungserbringung an sich im Vordergrund, welche durch eine Vielzahl von weiteren Prozessen unterstützt wird.

Sobald eine Nachunternehmerrechnung eingeht, erfolgt die Rechnungsprüfung im Bauunternehmen. Die abrechnungsgerechte Teilfertigstellung von Leistungen führt im Unternehmen zur Leistungsermittlung und Rechnungsstellung.

Ergeben sich Änderungen im Bauablauf oder werden periodisch festgelegte Zeitpunkte erreicht, wird die Arbeitskalkulation fortgeschrieben. Änderungen in der Arbeitskalkulation führen in der Regel auch zur Fortschreibung der Terminfeinplanung und daraus resultierend einer Fortschreibung der Liquiditätsplanung.

Treten innerhalb der Leistungserbringung Mängel auf, so wird der Prozess des baubegleitenden Mängelmanagements in Gang gesetzt. Die Identifizierung von Nachtragspotenzialen führt zur Aktivierung des Prozesses Nachtragsmanagement, und existente Bauablaufstörungen können zum Nachweis über den gestörten Bauablauf führen. Während des gesamten Prozesses der Leistungserbringung sind die Baustellensicherheit sowie die Entsorgung von Bauschutt und sonstigen Abfällen zu gewährleisten.

Wie bereits erwähnt, werden die jeweiligen Prozesse nicht lediglich einmal angestoßen, sondern so häufig, bis alle Leistungen erbracht sind. So erfolgt der Start des Prozesses baubegleitendes Mängelmanagement immer dann, wenn in der Leistungserbringung ein Mangel identifiziert wurde.

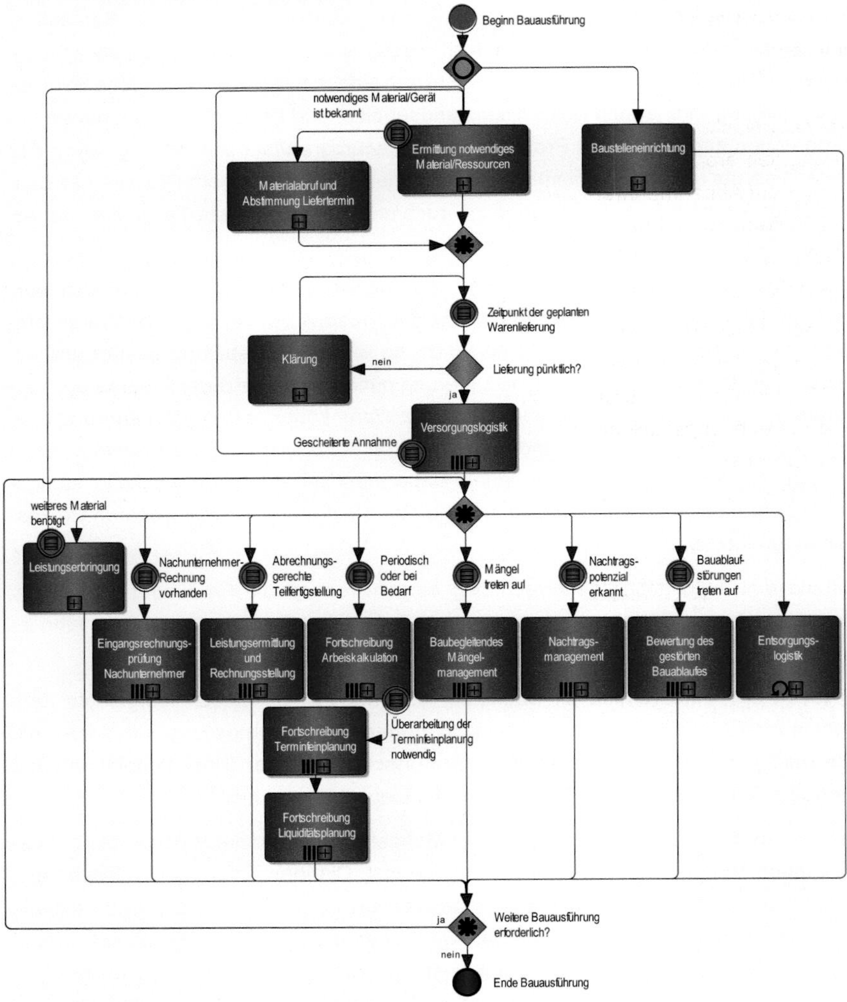

Abbildung 37: Prozesse innerhalb der Bauausführung

4.3.6 Prozesse innerhalb der Baufertigstellung

Sobald die operative Bauabwicklung/Leistungserbringung (und damit auch die weiteren unterstützenden Prozesse) abgeschlossen sind, beginnt die Baufertigstellungsphase (s. Abbildung 38). Zunächst wird das Bauwerk abgenommen, wobei einerseits der Bauherr das Gebäude gegenüber dem Bauunternehmen, andererseits das Bauunternehmen die Nachunternehmerleistungen gegenüber den Nachunternehmern abnimmt.

Da viele Nachunternehmer, die zu einem frühen Zeitpunkt der Bauabwicklung ihre Leistungen erbringen, bereits vor der Gesamtfertigstellung des Gebäudes einen Anspruch auf Abnahme ihrer Leistungen haben, kann auch der Fall eintreten, dass die Nachunternehmerabnahmen bereits vor der Gesamtabnahme durch den Bauherrn durchgeführt werden. Dies betrifft insbesondere im Bauablauf frühe Gewerke, wie beispielsweise den Rohbau.

Sobald die Abnahme erfolgreich durchgeführt wurde, stellt das Bauunternehmen die Schlussrechnung. Je nach Abnahmezeitpunkt der Nachunternehmerleistungen findet die Schlussrechnungsprüfung der Nachunternehmer entweder zeitgleich zur eigenen Schlussrechnungsstellung, häufig jedoch bereits im Vorfeld statt. Nachdem sämtliche Nachunternehmer- und Lieferantenrechnungen vorliegen und die Baustelle schlussgerechnet wurde, erfolgt die Nachkalkulation.

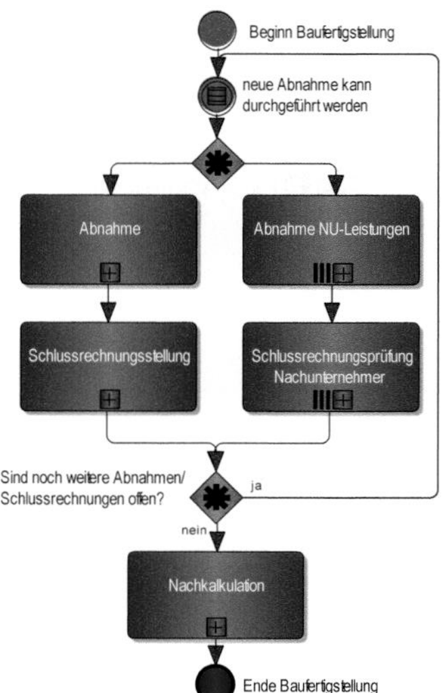

Abbildung 38: Prozesse innerhalb der Baufertigstellung

4.3.7 Prozesse innerhalb der Gewährleistung

Der Prozess der Gewährleistung (s. Abbildung 39) beginnt mit der Übergabe des Projektes an den zuständigen Personenkreis im Bauunternehmen. Nach erfolgreicher Übergabe des Projektes treten zunächst keine weiteren Prozessschritte auf.

Kommt es allerdings zu Mängeln innerhalb der Gewährleistungsphase, so wird das Gewährleistungsmanagement aktiv. Ist der Gewährleistungszeitraum noch nicht abgeschlossen, kann der Fall eintreten, dass dieser mehrmals – in Abhängigkeit der auftretenden Mängel – aktiviert wird.

Sobald der vertraglich vereinbarte Gewährleistungszeitraum abgelaufen ist, wird der Prozess Gewährleistung beendet und mit ihm auch der Hauptprozess der Bauprojektabwicklung.

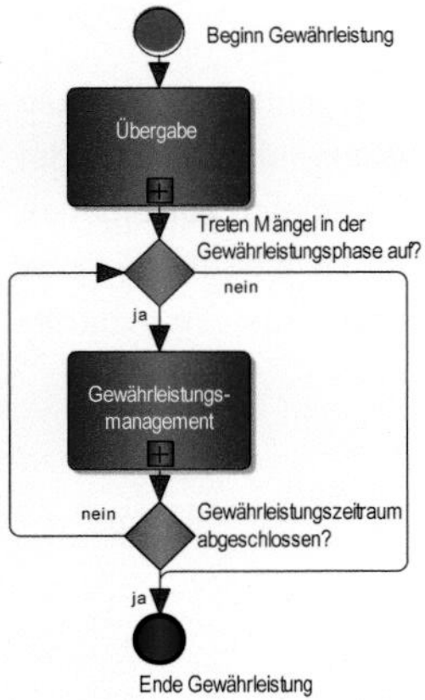

Abbildung 39: Prozesse innerhalb der Gewährleistung

4.3.8 Übergeordnete Aufgabenbereiche

Neben den Prozessen bzw. Tätigkeiten, die sich in den Bauablauf einordnen lassen, fallen viele übergeordnete Prozesse an, die über die gesamte Projektlaufzeit immer wieder angesprochen werden bzw. übergeordnet zu betrachten sind. Die folgenden übergeordneten Aufgabenbereiche/Tätigkeiten werden im Rahmen der Entwicklung des Kompetenzprofils berücksichtigt, an dieser Stelle jedoch nicht weiter angesprochen:

- Führen von Besprechungen,
- Baustellenbegehungen,
- Beantragen von Genehmigungen,

- Schriftverkehr,
- Dokumentenmanagement/-organisation,
- Konfliktbewältigung,
- Zeitmanagement,
- Nachunternehmermanagement,
- Gefährdungsbeurteilung,
- Berücksichtigung des Sicherheits- und Gesundheitsschutzplans und
- Erstellung der Unterlage für spätere Arbeiten.

4.3.9 Exemplarischer Teilprozess // Grobterminplanung im Rahmen der Angebotsphase

Im Rahmen der Angebotsbearbeitung findet der Unterprozess Grobterminplanung statt (s. Abbildung 41). Der Grobterminplan enthält alle relevanten Termine (Meilensteine) sowie Zeiträume von der Beauftragung bis zum Abschluss der durch das Unternehmen übernommenen Leistungen. Da der Grobterminplan zu einem frühen Stadium erstellt wird, enthält er noch nicht alle Leistungen und Arbeitsabläufe im Detail, sondern vielmehr die wichtigsten Ablaufschritte in einer groben Gliederung. Aus diesem Grund besteht ein Grobterminplan in der Regel auch nicht aus mehr als 20 bis 50 Vorgangsbalken.[121]

Der Grobterminplan wird auf Basis der vom Bauherrn vorgegebenen Meilensteine sowie den unternehmensintern vorhandenen Erfahrungswerten aus früheren Projekten erstellt, zudem fließen Informationen bezüglich der terminlichen Dauer und Abfolge aus der Kalkulation mit in die Grobterminplanung ein.

Da bei Hochbauten die Bauverfahren zu diesem frühen Zeitpunkt eine eher untergeordnete Rolle spielen, werden diese in der Regel noch nicht detailliert bei der Grobterminplanung berücksichtigt. Allerdings sind prinzipielle Entscheidungen, wie beispielsweise die Tatsache, ob ein Bauwerk konventionell oder als Fertigteilbau hergestellt wird, in der Terminplanung zu berücksichtigen. Anders verhält sich dies bei Ingenieurbauwerken, da in diesen Bereichen unterschiedliche Bauverfahren grundlegende Auswirkungen auf die Bauabläufe haben. Hier haben die Bauverfahren häufig einen maßgeblichen Einfluss auf den Bauablauf und müssen somit bereits im Rahmen der Angebotsbearbeitung berücksichtigt werden.

Zu Beginn der Grobterminplanung sind die vertraglichen – also vom Auftraggeber vorgegebenen – Meilensteine zu berücksichtigen und zu erfassen. Diese Informationen

[121] Vgl. Berner et al. (2008) S. 52

gehen in der Regel aus den Ausschreibungsunterlagen hervor. Im Anschluss werden die Leistungen gewerkeweise aufgegliedert, eine detailliertere Gliederung ist nicht notwendig. Auf Basis der bereitgestellten Informationen aus der Kalkulation können anschließend die Leistungsaufwände je Gewerk geschätzt werden.

Da zum Zeitpunkt der Angebotsbearbeitung und Auftragsvergabe die tatsächlich zu erwartenden Aufwandswerte noch nicht (vollständig) vorliegen und der Grobterminplan zudem nicht sämtliche Leistungen in ihrer Gänze abbildet, sondern vielmehr als grober Richtwert dienen soll, genügen für die Mengenermittlungen der Bezugsgrößen häufig Angaben zu den Brutto-Raum-Inhalten (BRI). Auch der voraussichtliche Auftragswert kann Aussagen über die zu erwartenden Aufwandswerte liefern. Dies sind beispielsweise:[122]

- Arbeitsstunden (h/m³ BRI),
- Umsatz/Beschäftigter und Zeiteinheit (€/Arbeiter und Monat),

wobei die Arbeitsstunden pro m³ BRI mit zunehmender Komplexität des Hochbaus steigen, wie der nachfolgenden Abbildung zu entnehmen ist.

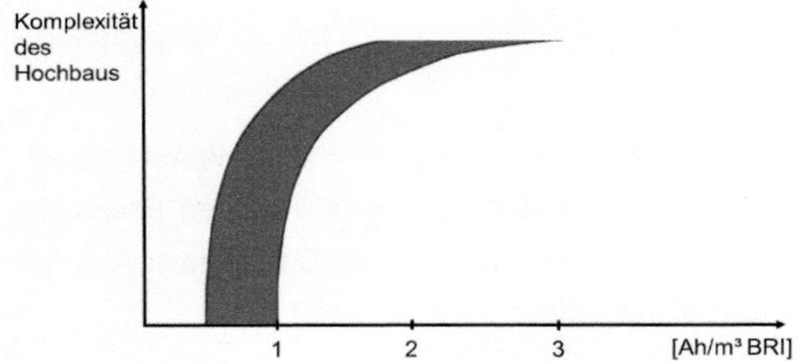

Abbildung 40: Arbeitsstunden für den Rohbau[123]

Mithilfe dieser Darstellung der Arbeitsstunden für den Rohbau in Abhängigkeit der Komplexität des Bauvorhabens lässt sich – je nachdem, welche Parameter als gegeben und welche beeinflussbar sind – die notwendige Anzahl an Arbeitskräften oder aber auch die Gesamtbauzeit ermitteln:[124]

$$n = \frac{V * A}{T * \mathrm{tAT}}$$

V Bruttorauminhalt [m³ BRI]

A Aufwandswert [h/m³ BRI]

---

122 Vgl. Berner et al. (2008) S. 55

123 Eigene Abbildung, in enger Anlehnung an: Berner et al. (2008) S. 56

124 Vgl. Berner et al. (2008) S. 56

n Anzahl Arbeiter [-]

T Gesamtbauzeit [d]

t_{AT} tägliche Arbeitszeit [h/d]

Beispiel:

Bruttorauminhalt:	200.000 m³
Kennwert:	1,0 h/m³
Bauzeit:	20 Monate mit je 20 d
Durchschnittliche tägliche Arbeitszeit pro MA:	8 h/d

Somit ergibt sich für das Bauvorhaben eine durchschnittlich notwendige Mitarbeiterstärke von:

$$n = \frac{200.000\, m^3 * 1{,}0\, h/m^3}{20\, Mon * 20 \frac{d}{Mon} * 8 \frac{h}{d}} = 62{,}5\, MA;\, gewählt: 63\, MA$$

Durch Umstellen der Formel kann bei einer begrenzten Verfügbarkeit der Mitarbeiter ebenso die notwendige Bauzeit ermittelt werden, wobei Bauherren in der Regel bereits eine maximal mögliche Bauzeit vorgeben.

In jedem Fall ist bei der Planung zu berücksichtigen, dass aufgrund der Anlauf- und Auslaufphase des Bauvorhabens in diesen Zeiten nicht die vollständige Mannschaft eingesetzt werden kann. Folglich müssen zu Spitzenzeiten mehr Mitarbeiter eingesetzt werden, um den ermittelten Durchschnittswert einzuhalten. Zudem sind witterungsbedingte Einflussfaktoren bei der Terminplanung zu berücksichtigen.

Nachdem die benötigte Mannschaftsstärke feststeht, ist ferner zu überprüfen, ob der Einsatz der notwendigen Mitarbeiter aufgrund der besonderen Baustellengegebenheiten überhaupt möglich ist. Kriterien hierfür sind:

- *„Anzahl der zu stellenden Hebezeuge,*
- *Räumliche Einsatzmöglichkeiten für die ermittelte Belegschaft,*
- *Weitere Einschränkungen zum Beispiel bei der Baustelleneinrichtung, bei der Anlieferung von Baustoffen oder sonstigen logistischen Problemen."*[125]
- Überprüfung der Produktivität

usw.

Bei auftretenden Problemen hinsichtlich der Mitarbeiterstärke, der Bauzeit, der Produktivität oder Ähnlichem muss das Bauunternehmen nach Alternativen suchen, um den bestmöglichen Ablauf der Baustelle zu erzielen.

---

[125] Berner et al. (2008) S. 57

Auf diese Weise können neben dem Rohbau auch die weiteren Ausbaugewerke geplant und im Grobterminplan berücksichtigt werden.

Aufgrund der Tatsache, dass die Gewerke in einer zeitlichen Abhängigkeit zueinander stehen, müssen diese Abhängigkeiten bereits in der Grobterminplanung hinreichend berücksichtigt werden. Hierbei spielen neben technischen Abhängigkeiten auch Aspekte des Arbeitsschutzes eine Rolle. Diese Abhängigkeiten können nun – zusammen mit den festgelegten Vorgangsdauern der einzelnen Gewerke – im Grobterminplan dargestellt werden.

Tritt der Fall ein, dass die ermittelten und im Grobterminplan dargestellten Vorgangsdauern zu einer Überschreitung der vorgegebenen Bauzeit führen, erfolgt die Anpassung der Vorgangsdauern. Falls diese Anpassung kosten- und somit kalkulationsrelevante Auswirkungen – wie etwa Umstellungen des Bauablaufs, Erhöhung des Personal- und/oder Geräteeinsatzes – bewirken, wird Rücksprache mit der Kalkulation gehalten, um diese Anpassungen gemeinsam zu entscheiden und vorzunehmen.

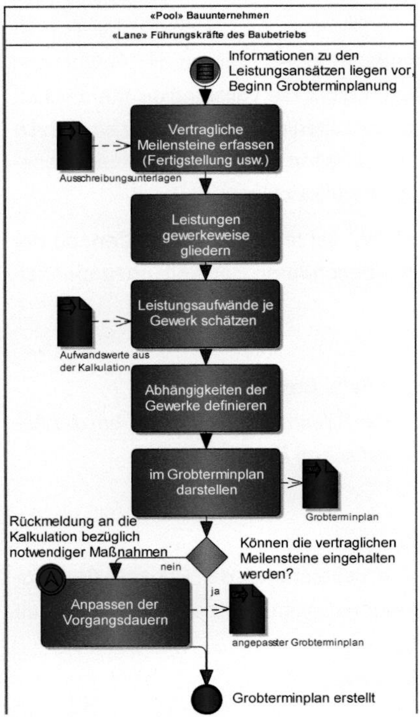

Abbildung 41: Teilprozess Grobterminplanung

Insofern keine Anpassungen notwendig sind, ist der Grobterminplan erstellt und der Teilprozess der Grobterminplanung wird beendet.

4.4 Theoretische Grundlagen zur Qualifikation und Kompetenz

Die Begriffe Wissen, Qualifikation und Kompetenz werden häufig synonym zueinander verwendet, tatsächlich verbergen sich hinter diesen Begriffen jedoch unterschiedliche, nachfolgend erläuterte Bedeutungen.

4.4.1 Begriff Wissen

Wissen beschreibt die Summe an Kenntnissen und Fähigkeiten, die eine Person zur Problemlösung einsetzen kann, wobei dieses Wissen auf Daten sowie Informationen beruht, die diese Person sich angeeignet hat.[126] Wissen sagt demnach nichts darüber aus, ob die Informationen und Daten, die sich die Person angeeignet hat, von dieser zur Ausübung bestimmter Tätigkeiten angewandt werden können.

4.4.2 Begriff Qualifikation

Der Begriff Qualifikation wird von dem französischen Begriff *qualification* abgeleitet und bedeutet so viel wie *qualifizieren.*[127] Der Begriff Qualifikation kann dabei als

„*a. durch Ausbildung, Erfahrung o.A. erworbene Befähigung zu einer bestimmten [beruflichen] Tätigkeit* [oder]

b. *Voraussetzung für eine bestimmte [berufliche] Tätigkeit [...]*“[128]

beschrieben werden.

4.4.3 Begriff Kompetenz

Der Begriff Kompetenz wird aus dem Lateinischen von *competentia* abgeleitet, was so viel wie *Zusammentreffen* bedeutet. Er beschreibt den *Sachverstand* bzw. die *Fähigkeiten* eines Individuums.[129] Insbesondere in der Rechtssprache wird der Begriff Kompetenz auch im Sinne von „*[Entscheidungs]befugnis, Zuständigkeit, Zuständigkeitsbereich*“[130] verwendet.

WEINERT definiert den Begriff der Kompetenz als „*die bei Individuen verfügbaren oder durch sie erlernbaren kognitiven Fähigkeiten und Fertigkeiten, um bestimmte Probleme zu lösen, sowie die damit verbundenen motivationalen, volitionalen und sozialen*

---

[126] Vgl. Springer Gabler Verlag [Hrsg.] (2014)

[127] Vgl. Duden (2014d)

[128] Duden (2014d)

[129] Vgl. Duden (2014e)

[130] Duden (2014e)

Bereitschaften und Fähigkeiten, um die Problemlösungen in variablen Situationen erfolgreich und verantwortungsvoll nutzen zu können.“[131]

Während sich der Begriff Qualifikation stark auf die durch eine bestimmte (berufliche) Ausbildung erworbenen Kenntnisse, Fertigkeiten sowie Fähigkeiten bezieht, wird mit der Verwendung des Begriffs Kompetenz *„die Fähigkeit zur Selbstorganisation bzw. zum selbstregulierten Lernen betont“*[132].

4.4.4 Begriff Handlungskompetenz

Der Begriff der Kompetenz im Sinne einer Handlungsfähigkeit wurde bereits im Jahre 1971 durch ROTH geprägt, der *„Mündigkeit als Kompetenz für verantwortliche Handlungsfähigkeit“*[133] definiert und diese als *„seelische Verfassung einer Person, bei der Fremdbestimmung so weit wie möglich durch Selbstbestimmung abgelöst ist“*[134], erläutert.

Im qualifikatorischen Sinne ist der Begriff der individuellen Handlungskompetenz als ein Bündel von Qualifikationen zu verstehen, welches neben der reinen Qualifikation auch die Bereitschaft des Einzelnen zur Leistungserbringung umfasst. Wie die Abbildung 42 darstellt, wird die Kompetenz zur Handlung im Umfeld des Individuums erst dann erreicht, wenn neben der individuellen Handlungskompetenz auch die Zuständigkeit für die Durchführung der Handlungen besteht.[135]

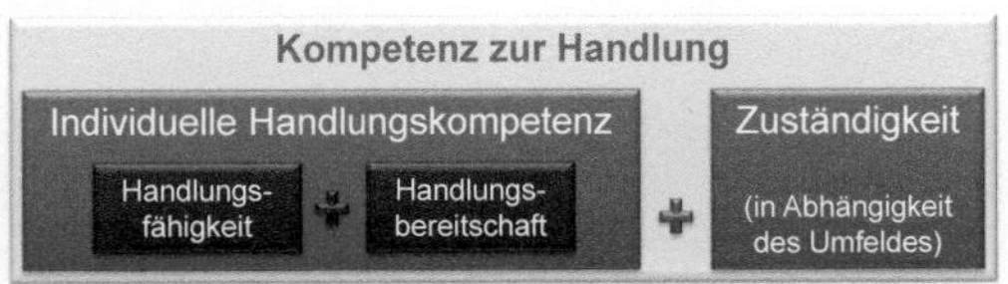

Abbildung 42: Bestandteile der Handlungskompetenz[136]

Aus welchen Kompetenzen sich die Handlungskompetenz zusammensetzt, wird in der einschlägigen Literatur unterschiedlich definiert. TREPTOW vertritt die Ansicht, dass für die Handlungsfähigkeit des Individuums Selbst-, Sach- sowie Sozialkompetenz notwendig sind.[137]

131 Weinert (2001), S. 27f
132 asw an der Universität Trier e.V. [Hrsg.] (2014)
133 Roth zitiert nach Treptow (2014), S. 28
134 Roth zitiert nach Treptow (2014), S. 28
135 Vgl. Mieth (2007), S. 24
136 Vgl. Mieth (2007, S. 25
137 Treptow (2014), S. 28

Diese Meinung vertreten auch BOOTZ/HARTMANN, die Handlungsfähigkeit als *„die Fähigkeit, unter sich verändernden Normen und Werten das erlangte Wissen, Können und Verhalten anzuwenden“*[138] beschreiben, die erreicht wird, wenn Fach-, Sozial- sowie personale Kompetenz verknüpft werden.

Auch im Rahmen der Kultusministerkonferenz wird Handlungskompetenz als *„die Bereitschaft und Befähigung des Einzelnen, sich in beruflichen, gesellschaftlichen und privaten Situationen sachgerecht durchdacht sowie individuell und sozial verantwortlich zu verhalten“*[139] definiert. Dabei werden die Dimensionen Fach-, Selbst- und Sozialkompetenz als Bestandteile der Handlungskompetenz benannt. Im Unterschied zu den vorangegangenen Definitionen werden diesen drei Kompetenzen jedoch die Methoden- und Lernkompetenz sowie kommunikative Kompetenz als immanente Bestandteile zugeordnet.[140] Die Einflüsse der unterschiedlichen Kompetenzen auf die Handlungskompetenz ist der Abbildung 43 zu entnehmen.

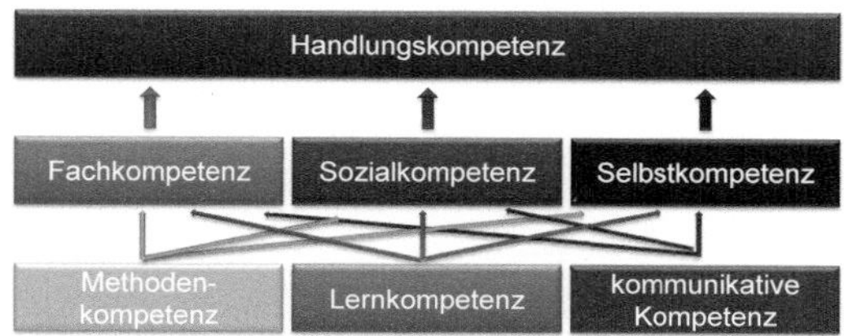

Abbildung 43: Zur Handlungskompetenz notwendige Kompetenzen

FACHKOMPETENZ

Der Begriff Fachkompetenz beschreibt die *„Fähigkeit, fachbezogenes und fachübergreifliches [sic!] Wissen zu verknüpfen, zu vertiefen, kritisch zu prüfen sowie in Handlungszusammenhängen anzuwenden“*[141]. Bei dem Erwerb von Fachkompetenz werden demnach ausschließlich fachliche Aspekte berücksichtigt.

SELBSTKOMPETENZ

Unter Selbstkompetenz wird die Bereitschaft des Individuums verstanden, seine eigenen Anforderungen, Einschränkungen, Begabungen und Lebenspläne zu erfassen und diese entsprechend selbst zu fördern. Hierzu gehören insbesondere die Eigen-

[138] Deutsches Institut für Erwachsenenbildung (DIE) e.V. [Hrsg.] (2014)
[139] Sekretariat der Kultusministerkonferenz (2011), S. 15
[140] Vgl. Sekretariat der Kultusministerkonferenz (2011), S. 15 f
[141] Springer Gabler Verlag [Hrsg.] (2014)

schaften „*Selbstständigkeit, Kritikfähigkeit, Selbstvertrauen, Zuverlässigkeit, Verantwortungs- und Pflichtbewusstsein*“[142]. Ebenso ist die Entwicklung von durchdachten Wertvorstellungen und die selbstbestimmte Bindung an diese Werte Bestandteil der Selbstkompetenz.[143]

Sozialkompetenz

Sozialkompetenz wird als „*Bereitschaft und Fähigkeit, soziale Beziehungen zu leben und zu gestalten, Zuwendungen und Spannungen zu erfassen und zu verstehen sowie sich mit anderen rational und verantwortungsbewusst auseinanderzusetzen und zu verständigen*“[144] *definiert.*

Im weiteren Sinne sind unter dem Begriff Sozialkompetenz die kommunikativen, integrativen und kooperativen Fähigkeiten des Individuums zu fassen, die es aus seiner Sozialisation bzw. dem sozialen Lernprozess erworben hat.[145]

Methodenkompetenz

Unter dem Begriff Methodenkompetenz wird die „*Bereitschaft und Fähigkeit zu zielgerichtetem [sic!], planmäßigem [sic!] Vorgehen bei der Bearbeitung von Aufgaben und Problemen (zum Beispiel bei der Planung der Arbeitsschritte)*“[146] verstanden.

Personen, die Methodenkompetenz besitzen, sind z.B. in der Lage, bestimmte Arbeitstechniken oder Verfahrensweisen anzuwenden. Sie können sich relevante Informationen beschaffen, diese entsprechend den Anforderungen aus der Arbeitsaufgabe strukturieren und weiterverarbeiten. Auftretende Probleme können sie identifizieren und geeignete Gegensteuerungsmaßnahmen auswählen. Zu dem Bereich der Methodenkompetenz zählt auch die Fähigkeit, geeignete Präsentationstechniken zu wählen.[147]

Kommunikative Kompetenz

Kommunikative Kompetenz beschreibt die Fähigkeit und Bereitschaft von Personen, die kommunikativen Situationen zu erkennen, die Ziele und Beweggründe des Gegenübers zu erfassen sowie die Kommunikation aktiv zu gestalten.[148]

---

142 Sekretariat der Kultusministerkonferenz (2011), S. 15
143 Vgl. Sekretariat der Kultusministerkonferenz (2011), S. 15
144 Sekretariat der Kultusministerkonferenz (2011), S. 15
145 Springer Gabler Verlag [Hrsg.] (2014c)
146 Sekretariat der Kultusministerkonferenz (2011), S. 16
147 Vgl. Springer Gaber Verlag [Hrsg.] (2014d)
148 Vgl. Sekretariat der Kultusministerkonferenz (2011), S. 16

Durch die Wahrnehmung und Verarbeitung der Absichten des Gesprächspartners wird das Individuum in die Lage versetzt, zielführend und bewusst zu kommunizieren.[149]

LERNKOMPETENZ

Als Lernkompetenz wird die Bereitschaft und Fähigkeit bezeichnet, den eigenen Lernprozess zu organisieren und zu steuern.[150] Dabei kann der Lernprozess sowohl auf das selbstständige Lernen bezogen werden als auch auf das Lernen in der Gruppe. Hierzu zählt auch die Fähigkeit des lebenslangen Lernens, um sich im und über den beruflichen Bereich hinaus aus- und fortzubilden.[151]

4.5 Kompetenzprofil „Führungskräfte im Baubetrieb"

4.5.1 Handlungskompetenz von Führungskräften im Baubetrieb

Die Handlungskompetenz von Führungskräften im Baubetrieb wird – wie bereits in Kapitel 4.4.4 erläutert – durch das Vorhandensein der folgenden vier Kompetenzfelder erreicht:

- Fachkompetenz,
- Methodenkompetenz,
- Persönlichkeitskompetenz/Selbstkompetenz sowie
- Sozialkompetenz.

Diese Kompetenzfelder setzen sich wiederum aus Einzelkompetenzen zusammen. Eine strikte Trennung der Einzelkompetenzen von den vier Kompetenzfeldern ist jedoch in der Regel nicht möglich. So wird beispielsweise die Projektmanagementkompetenz dem Bereich Methodenkompetenz zugeordnet, allerdings ist ebenfalls Fachwissen und zeitgleich soziale Kompetenz notwendig, um erfolgreiches Projektmanagement zu betreiben.

Die Erarbeitung der relevanten Kompetenzfelder für Führungskräfte im Baubetrieb erfolgt unter Inbezugnahme der vorherigen Ausführungen, dabei wird – ausgehend von der detaillierten Prozessbetrachtung und der daraus resultierenden Ableitung von Kompetenzen – eine Übersicht über notwendige Kompetenzfelder aus den Bereichen Fach-, Methoden-, Selbst- sowie Sozialkompetenz entwickelt. Die Übersicht der Kompetenzfelder ist der Tabelle 17 zu entnehmen.

[149] Vgl. AXODO GmbH [Hrsg.] (2014)
[150] Vgl. HS Bremen [Hrsg.] (2014)
[151] Vgl. Sekretariat der Kultusministerkonferenz (2011), S. 16

Handlungskompetenz von Führungskräften im Baubetrieb							
Fachkompetenz					Methoden-kompetenz	Selbst-kompetenz	Sozialkompetenz
Ingenieurwissen-schaftliche Fachkompetenz	Betriebswissen-schaftliche Fachkompetenz	Rechtswissen-schaftliche Fachkompetenz	Fachkompetenz Arbeitsschutz	IT-Kompetenz			
Baustoffe und Bauverfahren	Bauwirtschaft allgemein / Marktkenntnis	Vergaberecht	Gesetze und Verordnungen	Tabellen-kalkulations und Textverarbeitungs-programme	Organisations- und Projektmanage-mentkompetenz	Innovations-bereitschaft	Kommunikations-fähigkeit
Bauprojekt-management	Strategische Unternehmens-führung	(Bau-) Vertragsrecht	Rechte und Pflichten der Beteiligten	Kommunikations-programme und -plattformen	Informations-beschaffungs-kompetenz	Entscheidungs-fähigkeit und Verantwortungs-bereitschaft	Teamfähigkeit und Hilfsbereitschaft
Verordnungen/ Normen; Stand der Technik	Unternehmens-rechnung	HOAI	Umsetzung des Arbeitsschutzes	Terminplanungs-programme	Analytische Kompetenz	Durchsetzungs-vermögen	Führungs-kompetenz
				Baumanagement-software	Transferfähigkeit	Flexibilität	Umgang mit Kritik /Konfliktfähigkeit
				Dokumenten-management-systeme	Ganzheitliches, vernetztes und problemlösendes/ kritisches Denken	Delegations-fähigkeit	
				Präsentations-programme	Rhetorische Kompetenz	Selbstorganisation	
				Sonstige EDV (z.B. CAD)	Präsentations-techniken		

Tabelle 17: Kompetenzfelder zum Erreichen der Handlungsfähigkeit bei Führungskräften im Baubetrieb

4.5.2 Vorgehen zur Entwicklung des Kompetenzprofils

Unter Berücksichtigung der im Kapitel 4.3 vorgenommenen Prozessbeschreibung sowie der festgelegten Kompetenzfelder gemäß Tabelle 17 erfolgt nun die Entwicklung des Kompetenzprofils, welches in Form einer Matrix aufgestellt wird.

Die sieben Teilprozesse Akquise, Angebotsbearbeitung, Arbeitsvorbereitung, Bauausführung, Baufertigstellung und Gewährleistung sowie die übergeordneten Prozesse werden – insofern vorhanden – hinsichtlich ihrer Teilprozesse und diese wiederum auf Tätigkeitsebene betrachtet. Jede Tätigkeit wird im Hinblick auf die Kompetenzen/Anforderungen analysiert, die zur Bearbeitung dieser Tätigkeit notwendig sind. Alle einer bestimmten Tätigkeit zugeordneten Kompetenzen/Anforderungen werden in der Matrix erfasst und anschließend einem oder mehreren Kompetenzfeldern zugeordnet. Das Vorgehen ist der Abbildung 44 zu entnehmen.

Abbildung 44: Vorgehen zur Definition von notwendigen Kompetenzen/Anforderungen und Zuordnung dieser zu den Kompetenzfeldern

Dieses Vorgehen wird nachfolgend exemplarisch am Teilprozess „Grobterminplanung“ erläutert.

4.5.3 Exemplarische Betrachtung der notwendigen Kompetenzen im Teilprozess Grobterminplanung

Der Prozess der Grobterminplanung (Abbildung 41) lässt sich in die folgenden Aufgaben/Tätigkeiten unterteilen:

- Vertragliche Meilensteine erfassen
- Leistungen gewerkeweise gliedern, Leistungsaufwände schätzen und Abhängigkeiten definieren
- Darstellung im Grobterminplan
- Anpassung zur Einhaltung der vertraglichen Meilensteine

Für die Tätigkeit „vertragliche Meilensteine erfassen“ müssen die Führungskräfte im Baubetrieb einerseits in der Lage sein, die Vertragsunterlagen analytisch zu sichten sowie ganzheitlich zu erfassen, und andererseits über bauvertragsrechtliche Kenntnisse zur Unterscheidung von vertraglichen und sonstigen Meilensteinen verfügen. Diese beiden notwendigen Kompetenzen werden der Tätigkeit „vertragliche Meilensteine erfassen“ zugeordnet.

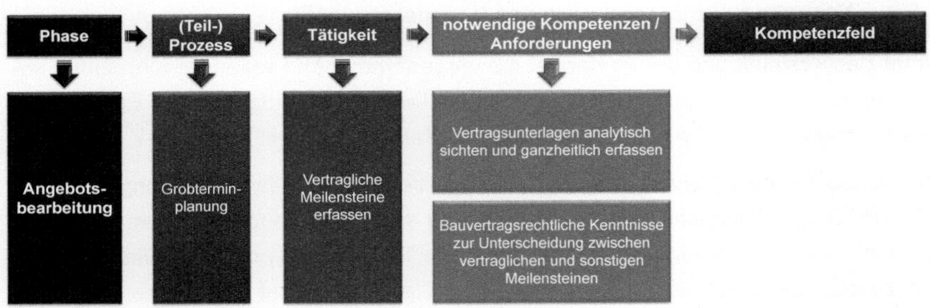

Abbildung 45: Notwendige Kompetenzen im Rahmen der Tätigkeit „Vertragliche Meilensteine erfassen“

Nachdem die Tätigkeiten hinsichtlich ihrer notwendigen Kompetenzen/Anforderungen analysiert wurden, erfolgt die Zuordnung dieser zu einem oder mehreren Kompetenzfeldern.

Eine Kompetenz im Rahmen der Aktivität „vertragliche Meilensteine erfassen“ ist hierbei, die Vertragsunterlagen analytisch zu sichten und ganzheitlich zu erfassen. Dieser Sachverhalt wird sowohl dem Kompetenzfeld analytische Kompetenz als auch dem ganzheitlichen/vernetzten und problemlösenden/kritischen Denken zugeordnet. Zur Unterscheidung zwischen vertraglichen und sonstigen Meilensteinen sind bauvertragsrechtliche Kenntniss103e notwendig, sodass diese Kompetenz dem Kompetenzfeld (Bau-)Vertragsrecht zugeordnet wird.

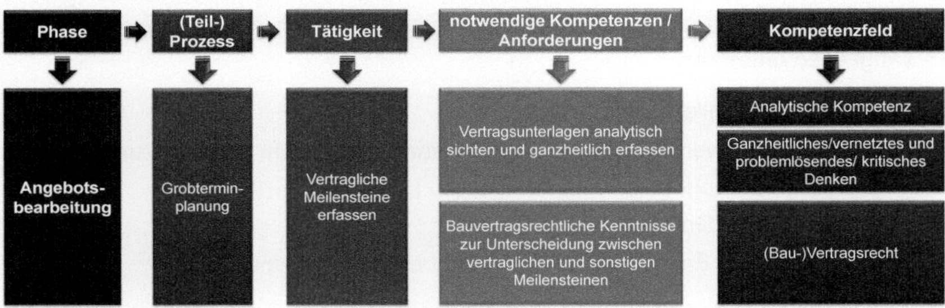

Abbildung 46: Zuordnung der notwendigen Kompetenzen zu den jeweiligen Kompetenzfeldern

Analog zu diesem Vorgehen werden sämtliche Kompetenzen betrachtet und den jeweiligen Kompetenzfeldern zugeordnet.

4.5.4 Aufstellen der Kompetenzmatrix

Sämtliche Kompetenzen sowie deren Zuordnung zu den Kompetenzfeldern werden in die Kompetenzmatrix übernommen. Die Matrix ist dabei wie in der Tabelle 18 dargestellt aufgebaut:

Nr.	Prozess	Tätigkeit	notwendige Kompetenzen	ingenieurw. Fachk.			rechtsw. Fachk.			betriebsw. Fachk.			Fachk. Arbeitssch.			IT-Kompetenz							Methodenkompetenz							Selbstkompetenz						Sozialkompetenz			
				Baustoffe und Bauverfahren	Bauprojektmanagement	Gesetze und Verordnungen/Normen/ Stand der Technik	Vergaberecht	(Bau-)vertragsrecht	HOAI	Bauwirtsch. allg./Markt-kenntnis	strategische Unternehms-führung	Unternehmensrechnung	Gesetze und Verordnungen	Rechte und Pflichten der Beteiligten	Umsetzung des Arbeitsschutzes	Tabellenkalkulations- und Textverarbeitungsprogramme	Kommunikationsprogramme und -plattformen	Terminplanungsprogramme	Baumanagementsoftware	Dokumentenmanagementsysteme	Präsentationsprogramme	Sonstige Programme (z.B. CAD)	Organisations-/ Projektmanagementkompetenz	Informationsbeschaffungsfähigkeit	Analytische Kompetenz	ganzheitliches/vernetztes und problemlösendes/kritisches Denken	Transferfähigkeit	Rhetorische Kompetenz	Präsentationstechniken	Innovationsbereitschaft	Entscheidungsfähigkeit und Verantwortungsbereitschaft	Durchsetzungsvermögen	Flexibilität	Delegationsfähigkeit	Selbstorganisation	Kommunikationsfähigkeit	Teamfähigkeit und Hilfsbereitschaft	Führungskompetenz	Umgang mit Kritik, Konfliktfähigkeit

Tabelle 18: Aufbau der Kompetenzmatrix // Tabellenkopf

In den vordersten Spalten werden die laufende Nummer, der Prozess, die Tätigkeiten in dem jeweiligen Prozess sowie die den Tätigkeiten zugeordneten Kompetenzen zu ihrer Erfüllung dargestellt. Diesen Spalten schließen sich die Kompetenzfelder gem. Tabelle 17 an.

Unterhalb des Tabellenkopfes werden nunmehr sämtliche Tätigkeiten sowie notwendigen Kompetenzen abgetragen und ihren Kompetenzfeldern zugeordnet dargestellt.

Ein Auszug der Kompetenzmatrix ist der Tabelle 19 zu entnehmen, die gesamte Matrix der Anlage 8.

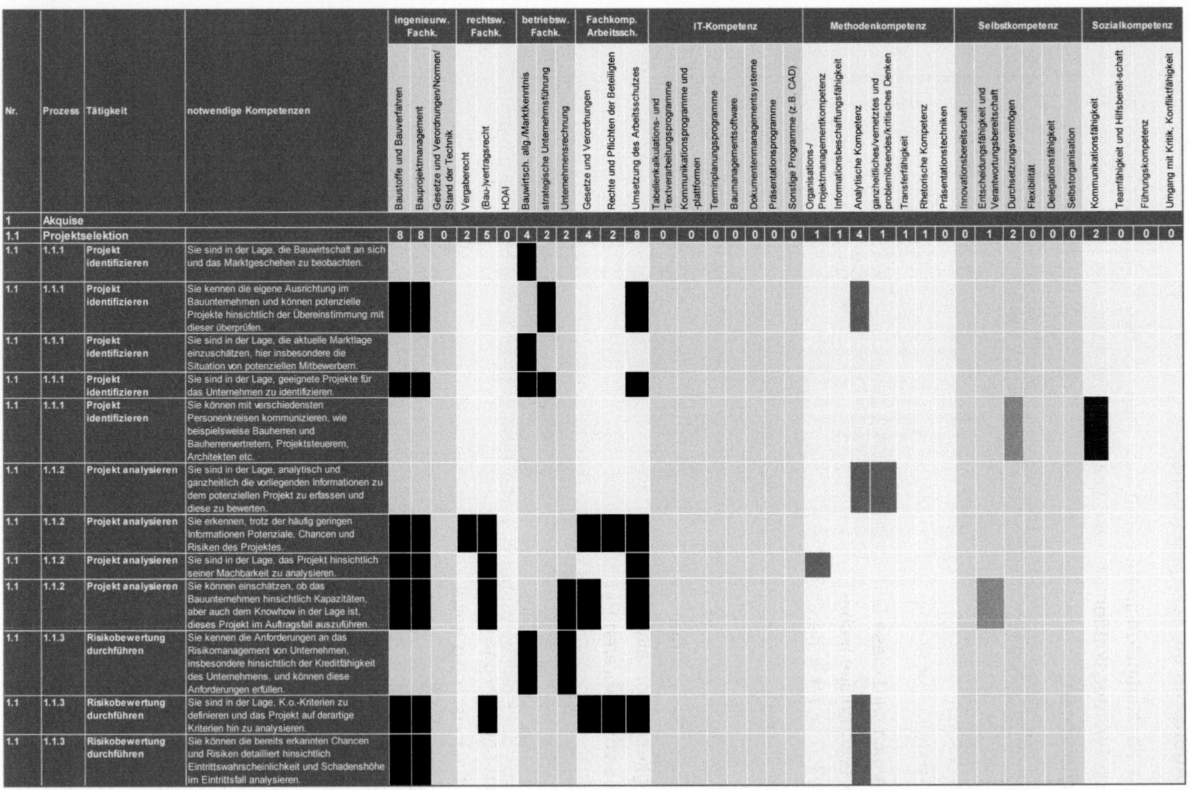

Nr.	Prozess	Tätigkeit	notwendige Kompetenzen	ingenieurw. Fachk.			rechtsw. Fachk.			betriebsw. Fachk.			Fachkomp. Arbeitssch.			IT-Kompetenz							Methodenkompetenz							Selbstkompetenz						Sozialkompetenz			
				Baustoffe und Bauverfahren	Bauprojektmanagement	Gesetze und Verordnungen/Normen/ Stand der Technik	Vergaberecht	(Bau-)vertragsrecht	HOAI	Bauwirtsch. allg./Marktkenntnis	strategische Unternehmsführung	Unternehmensrechnung	Gesetze und Verordnungen	Rechte und Pflichten der Beteiligten	Umsetzung des Arbeitsschutzes	Tabellenkalkulations- und Textverarbeitungsprogramme	Kommunikationsprogramme und -plattformen	Terminplanungsprogramme	Baumanagementsoftware	Dokumentenmanagementsysteme	Präsentationsprogramme	Sonstige Programme (z.B. CAD)	Organisations-/ Projektmanagementkompetenz	Informationsbeschaffungsfähigkeit	Analytische Kompetenz	ganzheitliches/vernetztes und problemlösendes/kritisches Denken	Transferfähigkeit	Rhetorische Kompetenz	Präsentationstechniken	Innovationsbereitschaft	Entscheidungsfähigkeit und Verantwortungsbereitschaft	Durchsetzungsvermögen	Flexibilität	Delegationsfähigkeit	Selbstorganisation	Kommunikationsfähigkeit	Teamfähigkeit und Hilfsbereit-schaft	Führungskompetenz	Umgang mit Kritik, Konfliktfähigkeit
1	Akquise																																						
1.1	Projektselektion			8	8	0	2	5	0	4	2	2	4	2	8	0	0	0	0	0	0	0	1	1	4	1	1	1	0	0	1	2	0	0	0	2	0	0	0
1.1	1.1.1	Projekt identifizieren	Sie sind in der Lage, die Bauwirtschaft an sich und das Marktgeschehen zu beobachten.																																				
1.1	1.1.1	Projekt identifizieren	Sie kennen die eigene Ausrichtung im Bauunternehmen und können potenzielle Projekte hinsichtlich der Übereinstimmung mit dieser überprüfen.																																				
1.1	1.1.1	Projekt identifizieren	Sie sind in der Lage, die aktuelle Marktlage einzuschätzen, hier insbesondere die Situation von potenziellen Mitbewerbern.																																				
1.1	1.1.1	Projekt identifizieren	Sie sind in der Lage, geeignete Projekte für das Unternehmen zu identifizieren.																																				
1.1	1.1.1	Projekt identifizieren	Sie können mit verschiedensten Personenkreisen kommunizieren, wie beispielsweise Bauherren und Bauherrenvertretern, Projektsteuerern, Architekten etc.																																				
1.1	1.1.2	Projekt analysieren	Sie sind in der Lage, analytisch und ganzheitlich die vorliegenden Informationen zu dem potenziellen Projekt zu erfassen und diese zu bewerten.																																				
1.1	1.1.2	Projekt analysieren	Sie erkennen, trotz der häufig geringen Informationen Potenziale, Chancen und Risiken des Projektes.																																				
1.1	1.1.2	Projekt analysieren	Sie sind in der Lage, das Projekt hinsichtlich seiner Machbarkeit zu analysieren.																																				
1.1	1.1.2	Projekt analysieren	Sie können einschätzen, ob das Bauunternehmen hinsichtlich Kapazitäten, aber auch dem Knowhow in der Lage ist, dieses Projekt im Auftragsfall auszuführen.																																				
1.1	1.1.3	Risikobewertung durchführen	Sie kennen die Anforderungen an das Risikomanagement von Unternehmen, insbesondere hinsichtlich der Kreditfähigkeit des Unternehmens, und können diese Anforderungen erfüllen.																																				
1.1	1.1.3	Risikobewertung durchführen	Sie sind in der Lage, K.o.-Kriterien zu definieren und das Projekt auf derartige Kriterien hin zu analysieren.																																				
1.1	1.1.3	Risikobewertung durchführen	Sie können die bereits erkannten Chancen und Risiken detailliert hinsichtlich Eintrittswahrscheinlichkeit und Schadenshöhe im Eintrittsfall analysieren.																																				

Tabelle 19: Kompetenzmatrix // Auszug

4.5.5 Auswertung des Kompetenzprofils

Auf Basis der Kompetenzmatrix lassen sich die unter 4.5.1 dargestellten Kompetenzfelder von Führungskräften im Baubetrieb mit konkretem Inhalt füllen. Dabei wird wie folgt vorgegangen:

- Selektion der Matrix nach dem jeweiligen Kompetenzfeld,
- Betrachtung der notwendigen Kompetenzen aus dem Kompetenzfeld je Projektphase,
- Darstellung der erforderlichen Kompetenzen in Textform.

Exemplarisch wird diese Definition der Kompetenzfelder nachfolgend für das Kompetenzfeld rechtswissenschaftliche Fachkompetenz – (Bau-)Vertragsrecht in Langform dargestellt. Die restlichen Kompetenzfelder sind der Kompetenzmatrix (Anlage 8) zu entnehmen.

In diesem Zusammenhang ist anzumerken, dass das nachfolgend dargestellte Kompetenzfeld alle Kompetenzen beinhaltet, die zur erfolgreichen Projektabwicklung im Bereich des (Bau-)Vertragsrechts notwendig sind. In der Praxis werden jedoch selten alle Tätigkeiten von einer Person, sondern in Abhängigkeit des jeweiligen Aufgabenbereiches von mehreren Personen abgedeckt.

KOMPETENZFELD RECHTSWISSENSCHAFTLICHE KOMPETENZ // (BAU-)VERTRAGSRECHT

Die Führungskräfte im Baubetrieb besitzen vertiefte Kenntnisse im Bereich des (Bau-)Vertragsrechts, welche sie über den gesamten Zeitraum der Bauprojektabwicklung sicher und eigenständig anwenden können.

AKQUISE

Im Rahmen der Akquise von Bauprojekten sind die Führungskräfte im Baubetrieb in der Lage, den (Muster-)Bauvertrag hinsichtlich enthaltener Potenziale, Chancen und Risiken zu analysieren, dabei können sie vertragliche K.o.-Kriterien identifizieren. Auf dieser Basis erfolgt die Analyse des Projektes hinsichtlich seiner Machbarkeit, sowohl in Bezug auf vorhandene und notwendige Kapazitäten, aber auch im Hinblick auf das vorhandene Knowhow im Unternehmen.

Sie besitzen die fachliche Kompetenz, die kritischen Vertragsbedingungen gegenüber anderen Beteiligten zu kommunizieren und – ggf. unter Einbeziehung Dritter – valide Entscheidungen für oder gegen eine Projektbearbeitung zu treffen. Treten im Rahmen der Akquisephase vertragliche Änderungen ein, sind sie in der Lage, auf diese zu reagieren und die Folgen zu bewerten.

ANGEBOTSBEARBEITUNG

Die Führungskräfte im Baubetrieb sind in der Lage, die aus dem Bauprojekt resultierenden fachlichen Anforderungen an die Angebotsprojektgruppe zu erfassen, dabei können sie die im Rahmen der Akquise identifizierten Chancen und Risiken aus vertraglicher Sicht berücksichtigen und diese ggf. weiter spezifizieren.

Sie kennen die sich aus der VOB/A ergebenden Ordnungen für die Vergabe von öffentlichen Bauleistungen und können diese Anforderungen bei der Angebotsbearbeitung erfüllen.

Bei einfacheren Verträgen führen sie die Vertragsprüfung – ggf. unter Einbeziehung von Dritten – selbst durch. In diesem Fall verfügen die Führungskräfte im Baubetrieb über Expertenwissen im Bereich des Vertragsrechtes – sowohl gem. BGB als auch VOB/B – und können insbesondere kritische Klauseln und K.o.-Kriterien im Bauvertrag identifizieren. Auf dieser Basis nehmen sie eine Bewertung der Vertragsunterlagen vor und können die Auswirkungen analysieren.

Handelt es sich um komplexe Verträge, die im Rahmen einer externen Vertragsprüfung analysiert werden, können sie deren Ergebnisse verstehen, ggf. kritisch hinterfragen und die Ergebnisse in die anschließende Kalkulation einbeziehen. Darüber hinaus erkennen sie die Notwendigkeit von weiteren (ergänzenden) Genehmigungen und können die Einholung dieser bei Bedarf veranlassen.

Im Falle einer detaillierten Kalkulation wird eine VOB/C-gerechte Massenermittlung durchgeführt. Werden die Kosten der Leistungen hingegen geschätzt, können sie die zu erwartenden Auswirkungen der vertraglichen Regelungen in die Schätzung einbeziehen. Insofern eine NU-Ausschreibung erfolgt, können die Führungskräfte im Baubetrieb die Ausschreibungsunterlagen so zusammenstellen und den Vertragsentwurf so gestalten, dass die vertraglichen Regelungen mit dem Bauherrn nach Möglichkeit an den Nachunternehmer durchgestellt werden. Diese Regelungen können sie rechtssicher dokumentieren.

Innerhalb der Terminplanung kennen sie die Bedeutung von vertraglichen Meilensteinen und können diese angemessen berücksichtigen. Die personelle Aufstellung der Baustelle können sie auch im Hinblick auf die rechtlichen Anforderungen vornehmen. Für die Liquiditätsplanung verfügen sie über rechtliches Wissen zu dem möglichen Spielraum innerhalb der Zahlungsplanung.

Insofern die Führungskräfte im Baubetrieb eine interne Vertragsprüfung durchführen müssen, verfügen sie über Expertenwissen im Bereich des Vertragsrechtes, dabei beherrschen sie sowohl die einschlägigen Paragraphen des BGB als auch der VOB/B und können die geplanten vertraglichen Regelungen hinsichtlich kritischer und insbesondere K.o.-Klauseln überprüfen. Falls eine externe Vertragsprüfung durchgeführt wird, können die Führungskräfte im Baubetrieb die Ergebnisse erfassen, analysieren und die Folgen der Ergebnisse dieser Vertragsprüfung für die weitere Projektbearbeitung abschätzen.

VERTRAGSPHASE

Im Rahmen der Vorbereitung auf die Vertragsverhandlungen können die Führungskräfte im Baubetrieb das Vertragswerk abschließend prüfen und eine Entscheidung hinsichtlich der Verhandlungsstrategie aus rechtlicher Sicht treffen. Nimmt der Bauherr rechtliche Anpassungen oder Ergänzungen in den Vertragsunterlagen vor, so können sie deren konkrete Auswirkungen auf das Bauprojekt erfassen.

Kommt es zum Vertragsschluss, kennen sie die Anforderungen an einen rechtmäßigen Vertragsschluss und können deren Einhaltung überprüfen. Sie sind in der Lage – insofern nötig –, explizit Leistungen auszuschließen oder allgemeine Einschränkungen im Vertrag rechtssicher zu fixieren.

Im Anschluss an den Vertragsschluss können die Führungskräfte die Auswirkungen der vertraglichen Regelungen auf das Bauprojekt im Allgemeinen und die Vertragskalkulation im Speziellen analysieren und diese Auswirkungen angemessen berücksichtigen.

ARBEITSVORBEREITUNG

Im Rahmen der Arbeitsvorbereitung sind vielfältige Kenntnisse im Bereich des (Bau-)Vertragsrechts notwendig.

Insofern durch das Bauunternehmen eine Beauftragung von Planungsleistungen notwendig ist, müssen die Führungskräfte im Baubetrieb einen Planer beauftragen. Dabei kennen sie die rechtliche Bedeutung der Unterbeauftragung und der damit verbundenen gesamtschuldnerischen Haftung gegenüber dem Auftragnehmer sowie die jeweiligen Vor- und Nachteile im Vergleich zur bauherrenseitigen Erbringung von Planungsleistungen.

Sowohl im Falle einer direkten Beauftragung von Planungsleistungen durch das Bauunternehmen als auch bei bauherrenseitigen Planungsleistungen können sie bei Bedarf VOB/B-konformen Schriftverkehr führen, insbesondere was das Erstellen von Verzugsanzeigen gegenüber dem Planer angeht. Sie können mögliche Verzüge aus baurechtlicher Sicht hinsichtlich ihrer Auswirkungen analysieren. Werden Abweichungen der Planung von dem vertraglich geschuldeten Werk identifiziert, sind sie in der Lage, diese Abweichungen auf rechtliche Auswirkungen zu bewerten und können diese im weiteren Verlauf berücksichtigen. Ferner beherrschen sie die rechtssichere Dokumentation von Planlieferungen.

Sie sind in der Lage, alle rechtlich relevanten Aspekte zu identifizieren und diese in der Arbeitskalkulation zu berücksichtigen. Kommt es zu rechtlichen Änderungen/Ergänzungen, so fließen auch diese in die Arbeitskalkulation ein.

Sie sind in der Lage, die rechtlichen Rahmenbedingungen innerhalb der Terminplanung angemessen zu berücksichtigen. Dabei kennen sie insbesondere die (rechtlichen) Konsequenzen einer verspäteten Planlieferung sowie NU-Vergabe und können die fristgerechte Terminplanung unter Berücksichtigung der rechtlichen Rahmenbedingungen vornehmen.

Sie können die Nachunternehmervergaben aus rechtlichen Gesichtspunkten planen und durchführen. Dabei können sie analysieren, welche Vertragsklauseln an den Nachunternehmer weitergegeben werden können, hierzu rechtssichere Vereinbarungen treffen und die Notwendigkeit etwaiger zusätzlicher Genehmigungen überprüfen.

BAUAUSFÜHRUNG

Sobald Materialien auf der Baustelle angeliefert werden, sind sie in der Lage, diese auf Übereinstimmung mit der vertraglich geschuldeten Qualität und Beschaffenheit zu überprüfen. Werden Abweichungen festgestellt, können sie die Ware rechtssicher bemängeln.

Im Rahmen der Bauausführung können sie die Erfüllung der vertraglich geschuldeten Leistungen auf Art der Ausführung, Beschaffenheit und Qualität etc. überprüfen und etwaige Abweichungen durch Mängelanzeigen rechtssicher anmelden. Allgemein kennen sie die Bedeutung des Schriftverkehrs mit dem Nachunternehmer und können VOB konformen Schriftverkehr für die Ausführung der Bauleistungen verfassen.

Sie können im Rahmen der technischen Prüfung von Abschlagsrechnungen Leistungen identifizieren, die nicht zum vertraglichen Leistungsumfang gehören, aber dennoch ausgeführt wurden, und diese Ansprüche aus rechtlicher Sicht bewerten.

Innerhalb des Mängelmanagements nehmen sie bei auftretenden Mängeln eine rechtliche Bewertung vor, inwieweit eine Mängelbeseitigung (wirtschaftlich) sinnvoll bzw. notwendig ist, und können die Abweichungen von der vertraglich geschuldeten Leistung aus rechtlicher Sicht bewerten. Auch hier kennen sie die rechtlichen Anforderungen an den Schriftverkehr und können diese umsetzen.

Die Führungskräfte im Baubetrieb sind in der Lage, Nachtragspotenziale zu erkennen, dabei kennen sie die vertraglichen Regelungen und können das Bau-IST hinsichtlich

Abweichungen von diesen Regeln analysieren. Sie kennen die einschlägigen Paragraphen für das Nachtragsmanagement und können eingehende Nachunternehmer-Nachträge hinsichtlich ihrer Ansprüche dem Grunde nach bewerten. Ebenso können sie bei der Prüfung der Anspruchshöhe die vertraglichen Grundlagen sowie die geltende einschlägige Rechtsprechung heranziehen. Eingehende Nachunternehmer-Nachträge werden hinsichtlich der Durchstellbarkeit an den Bauherrn analysiert, wobei sie die vertraglichen Regelungen und daraus resultierenden Schnittstellen bewerten.

Insofern Nachträge an den Bauherrn durchgestellt werden können bzw. eigenes Nachtragspotenzial erkannt wird, sind sie in der Lage, die Ansprüche dem Grunde nach rechtssicher zu formulieren und bei der Ermittlung der Anspruchshöhe die rechtlichen Berechnungsgrundlagen sowie die einschlägige Rechtsprechung zu berücksichtigen. Dabei können sie auch die Anforderungen an eine gerichtsfeste Dokumentation umsetzen.

Treten Bauablaufstörungen im Projektverlauf ein, beherrschen es die Führungskräfte im Baubetrieb, die relevanten Dokumente zusammenzustellen und aufzubereiten, um daraus entstehende Ansprüche geltend zu machen. Sie kennen die Anforderungen an die Bewertung von Bauablaufstörungen im Sinne eines konkreten, bauablaufbezogenen Kausalitätsnachweises und können diese Anforderungen erfüllen. Dabei beherrschen sie insbesondere die rechtlichen Grundlagen der VOB/B sowie des BGB und kennen die einschlägige Rechtsprechung zur Darlegung von Ansprüchen aus Bauzeitverlängerung. Sie sind in der Lage, die identifizierten Bauablaufstörungen hinsichtlich ihrer rechtlichen Relevanz und Auswirkung zu bewerten.

Werden vom Bauherrn Gegenforderungen gestellt, können sie diese aus rechtlicher Sicht analysieren und ganz oder teilweise nicht gerechtfertigte Forderungen zurückweisen.

BAUFERTIGSTELLUNG

Die Führungskräfte im Baubetrieb kennen die rechtlichen Anforderungen an eine abnahmereife Fertigstellung von Bauleistungen und können deren Erfüllung überprüfen. Sie wissen, welcher Personenkreis aus rechtlichen Gründen für die Abnahme der Bauleistungen anwesend sein muss.

Im Rahmen der Abnahmebegehung können sie bei Streitigkeiten die erbrachte Leistung mit der vertraglich vereinbarten Leistung vergleichen. Sie wissen, welche Anforderungen an das Abnahmeprotokoll gestellt werden, und können diese erfüllen. Insofern NU-Leistungen abzunehmen sind, überprüfen sie auch deren vertragliche Leistungserfüllung. Auch wissen sie, welche Problematiken sich aus einer früheren Abnahme von NU-Leistungen als dem Gesamt-Abnahmetermin ergeben, und können damit umgehen.

Sie kennen die rechtlichen Anforderungen und Besonderheiten einer Schlussrechnung und können diese sowohl bei der Prüfung von Schlussrechnungen als auch bei der Schlussrechnungsstellung berücksichtigen. Insbesondere achten sie auf notwendige Vorbehalte etc.

GEWÄHRLEISTUNG

Sie kennen die rechtlichen Anforderungen, Rechte und Pflichten, die sich im Rahmen der Gewährleistung ergeben.

Sobald Mängel im Rahmen der Gewährleistung angezeigt und diese als unberechtigt eingestuft werden, sind sie in der Lage, den rechtssicheren Schriftverkehr zu erstellen. Liegen tatsächlich Mängel vor, können sie die rechtlichen Schritte einleiten und ermitteln, ab wann eine Ersatzvornahme zulässig ist und die rechtlichen Rahmenbedingungen zu ihrer Einleitung erfüllen. Sie kennen die Anforderungen an die rechtssichere Abmeldung von Mängeln und können diese erfüllen.

4.5.6 Zusammenfassung des Kompetenzprofils „Führungskräfte im Baubetrieb“

Durch die detaillierten Prozessanalysen, die Erstellung der Standardprozesse im Handlungsfeld von Führungskräften im Baubetrieb sowie ihre Validierung über Experteninterviews konnte ein umfassendes Bild über die Aufgabenbereiche sowie die daraus resultierenden Anforderungen an Führungskräfte im Baubetrieb gewonnen werden.

Die gewählte Darstellung des Kompetenzprofils in Form einer Matrix ermöglicht eine gezielte Selektion. Mit Hilfe von Filterfunktionen kann der Betrachter auswählen, welche Prozesse ihm angezeigt werden sollen, aber auch, welches Kompetenzfeld im Fokus seiner Betrachtungen steht. Die Gesamtheit aller Kompetenzen ergibt die Anforderung an eine erfolgreiche, handlungsfähige Führungskraft im Baubetrieb, die es im Rahmen des noch zu entwickelnden Kompetenzmodells abzudecken gilt.

Mit der Erfüllung des Teilziels 3 – der Entwicklung des Kompetenzprofils für Führungskräfte im Baubetrieb – sind die Grundlagen und Rahmenbedingungen zur Entwicklung des Kompetenzmodells erfüllt.

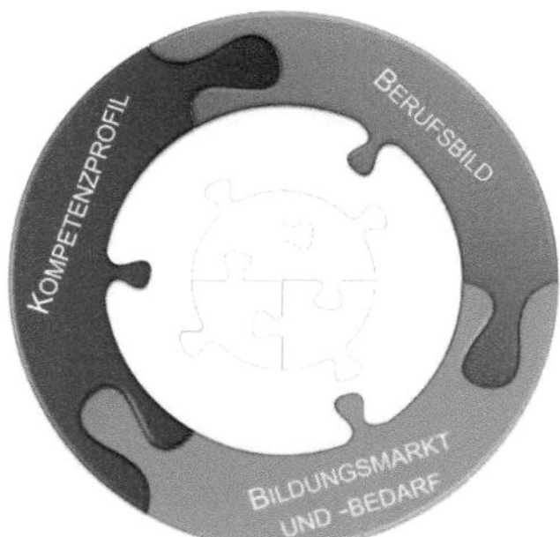

Abbildung 47: Erfüllung des Teilziels 3 // Entwicklung des Kompetenzprofils „Führungskräfte im Baubetrieb“

5 Kompetenzmodell zur Ausbildung von Führungskräften im Baubetrieb

Nachdem die Rahmenbedingungen zur Entwicklung des Kompetenzmodells in Form der Definition des Berufsbildes, der Analyse des Bildungsmarktes und -bedarfes sowie der Erstellung des Kompetenzprofils abgeschlossen sind, erfolgt nun die Entwicklung des Kompetenzmodells. Dieses setzt sich aus den folgenden vier Bausteinen zusammen:

- BAUSTEIN I: AUSBILDUNGSKONZEPT
- BAUSTEIN II: WISSENSPLATTFORM
- BAUSTEIN III: BERUFSPRAXIS
- BAUSTEIN IV: WEITERBILDUNG

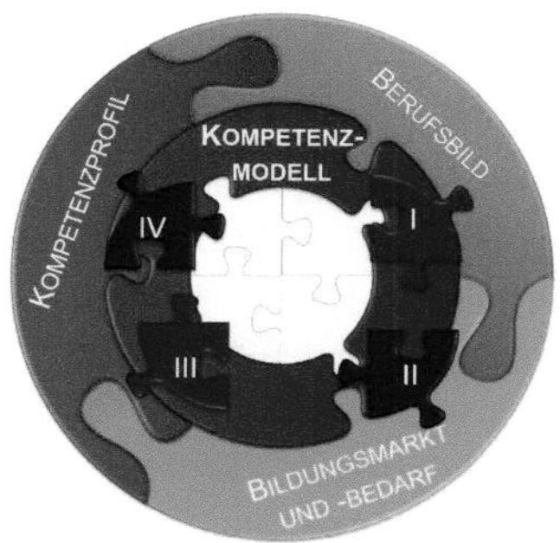

Abbildung 48: Hauptziel – Erstellung des Kompetenzmodells auf Basis der erfüllten Teilziele

Hierzu wurden diverse Workshops und Experteninterviews durchgeführt sowie die wesentlichen Ergebnisse aus den Voruntersuchungen berücksichtigt.

5.1 Wesentliche Ergebnisse aus den Voruntersuchungen

Die wesentlichen Ergebnisse aus den Voruntersuchungen der Kapitel 2, 3 und 4 werden nachfolgend getrennt nach den jeweiligen Teilzielen dargestellt.

TEILZIEL I – BERUFSBILD:
Die Arbeitsprofile der Führungskräfte in Bauunternehmen differieren stark in Abhängigkeit von Unternehmensgröße und -struktur. Um eine einheitliche und flexibel einsetzbare Führungskraft im Baubetrieb auszubilden, ist es unabdingbar, die Gesamtheit aller Berufsbilder im Baubetrieb zu betrachten – hierfür wurde der Begriff des Berufsbildes Führungskraft im Baubetrieb eingeführt.

TEILZIEL II – BILDUNGSMARKT UND -BEDARF:

Bachelorstudiengänge führen zu einer soliden ingenieurtechnischen Grundlagenausbildung; die baubetriebliche Ausbildung ist hier jedoch sehr heterogen aufgestellt.

Im Bereich der Masterstudiengänge existiert aktuell kein Angebot auf dem deutschen Bildungsmarkt, das die spezifischen Anforderungen der Bauunternehmen an die Ausbildung von Führungskräften im Baubetrieb in Gänze erfüllt. Die vorhandenen Studiengänge sind in der Regel sehr breit ausgerichtet, eine starke Spezialisierung auf die Bauleitungstätigkeiten in Bauunternehmen ist im Rahmen eines Studiums aktuell nicht hinreichend gegeben.

Insbesondere fällt auf, dass Themengebiete des Arbeitsschutzes kaum gelehrt werden und die Arbeitsvorbereitung sowie Baulogistik ebenfalls nicht genügend Berücksichtigung finden. Das für Bauleiter wichtige Zeitmanagement ist nur in weniger als jedem fünften Studiengang Bestandteil der Ausbildung. Ebenso erfolgt an den deutschen Hochschulen kaum die Vermittlung von Kenntnissen zu technischen Innovationen.

Aus der Analyse des Bildungsmarktes sowie -bedarfes ergibt sich somit die Schlussfolgerung, dass an deutschen Hochschulen aktuell keine spezifische, auf das Berufsbild der Führungskraft im Baubetrieb zugeschnittene Ausbildung angeboten wird. Insbesondere kleine und mittlere Unternehmen haben jedoch häufig keine (finanziellen und personellen) Kapazitäten, diese Ausbildung in Form von Weiterbildungen etc. im eigenen Unternehmen zu leisten. Es besteht somit ein Bedarf an einer praxisnahen, stark spezialisierten Ausbildung, die auf die Anforderungen der Bauunternehmen ausgerichtet ist.

TEILZIEL III – KOMPETENZPROFIL

Aus der Arbeitsaufgabe von Führungskräften im Baubetrieb ergibt sich eine Vielzahl von Anforderungen. Diese wurden als Kompetenzprofil in Form einer Kompetenzmatrix zusammengestellt und bilden die Grundlage für die nachfolgende Entwicklung des Kompetenzmodells.

5.2 Theoretische Grundlagen zum Kompetenzerwerb

5.2.1 Begriff Kompetenzerwerb

Der Begriff „Kompetenzerwerb" beschreibt den Erwerb von Kompetenzen, deren Gesamtheit zur Handlungsfähigkeit führt und dabei als *„ein kontinuierlicher Prozess der Interaktion von Person und Umwelt, der über den Rahmen der institutionalisierten Weiterbildungsformen hinausgeht"*[152]*, beschrieben werden kann.*

Im Gegensatz zur Qualifikation, die auf den *„Erwerb von explizitem Wissen"*[153] abzielt, werden im Rahmen des Kompetenzerwerbs zusätzlich zu den erworbenen Kenntnissen, Fertigkeiten und Fähigkeiten weitere Faktoren wie die Fähigkeit, Bereitschaft sowie Zuständigkeit des Individuums zur Ausübung bestimmter Tätigkeiten gebündelt. Der Prozess des Kompetenzerwerbs beinhaltet demnach neben der (fachlichen) Qualifikation auch den Erwerb von Berufserfahrung, die Persönlichkeitsmerkmale sowie die Entwicklung des Verantwortungsbereichs – und damit der Zuständigkeit – in einer (beruflichen) Organisation.[154]

5.2.2 Wandel in der Ausbildung von der Inhaltsvermittlung zum Kompetenzerwerb

In der (Weiter-)Bildung ist zur Ankündigung von Kursen, Seminaren etc. häufig von Lern-inhalten die Rede, wobei hiermit vielmehr Lehrinhalte gemeint sind. Erst wenn sich die Teilnehmer von Bildungsangeboten die vermittelten Lehrinhalte aneignen, werden sie zu Lerninhalten. Somit ist es zur Gestaltung erfolgreicher Lehre unabdingbar, die Lehrinhalte zielgruppenspezifisch auszuwählen und aufzubereiten.[155]

Während der Lehrplanansatz von festgelegten Inhalten ausgeht, wird im Rahmen des Curriculumansatzes zunächst die Frage gestellt, welche Kenntnisse, Fähigkeiten sowie Fertigkeiten zur Erfüllung einer bestimmten (beruflichen) Situation notwendig sind. Hierfür erfolgt zunächst die Definition der zu betrachtenden (beruflichen) Situation. Anschließend werden die notwendigen Qualifikationen festgelegt, aus denen sich wiederum die Inhalte zum Qualifikationserwerb ableiten. Diese Unterscheidung zwischen Lehrplan- und Curriculumansatz ist der Tabelle 20 zu entnehmen.

---

[152] Wittke (2007), S. 43
[153] Wittke (2007), S. 43
[154] Vgl. Mieth (2007), S. 24
[155] Vgl. Arnold et al. (2011), S. 90

Unterscheidungen zwischen Lehrplan- und Curriculumansatz		
Auswahl	*Deduktive Bestimmung der Fächer sowie ihrer Anteile im Fächerkanon*	*Induktiv-empirische Ermittlung der zukünftig erforderlichen Qualifikationen*
Begründung	*Ermöglichung eines geistigen Standortes in unserer Kultur*	*Ausstattung zur Bewältigung von Lebenssituationen*
Anordnung	*Dreischritt:* *1. Inhaltseinheiten* *2. Bildung, Kompetenzen und Qualifikation, die durch die Vermittlung dieser Inhalte erworben werden können* *3. Lebenssituationen, die mit dem Besitz bewältigt werden können*	*Dreischritt* *1. Prognostizierte Lebenssituation* *2. Notwendige Qualifikationen zur Bewältigung der Lebenssituation* *3. Inhalte, die den Qualifikationserwerb fördern*
Kritik	*„Schierer Dezisionismus" (Robinsohn)*	*Verstellung der Möglichkeit zum selbstgesteuerten Lernen*

Tabelle 20: Unterscheidungen zwischen Lehrplan- und Curriculumansatz[156]

Zur Gewährleistung des Curriculumansatzes ist es notwendig, mithilfe von Arbeitsplatzanalysen, Befragungen von fachbezogenen Experten sowie weiteren empirischen Analysen die notwendigen Qualifikationen zur Ausübung bestimmter Tätigkeiten bzw. (beruflicher) Situationen zu ermitteln. Auf Basis dieser Analyseergebnisse lassen sich anschließend die spezifischen Lehr-Lern-Pakete ableiten, die den Kompetenzerwerb der als notwendig identifizierten Qualifikationen gewährleisten.[157]

ARNOLD, KRÄMER-STÜRZL, SIEBERT fassen die Unterschiede zwischen Lehrplan und Curriculum wie folgt zusammen:

1. *Curricula kommen i.d.R. durch empirische, nachprüfbare Begründung (Analyse von zukünftigen Lebenssituationen) zustande, nicht durch dezisionistische Setzung.*
2. *Curricula beinhalten bisweilen mehr und anders als die Lehrpläne (neben Lernzielen auch oft Themen oder gar Skizzen und Ausgestaltungen zu Unterrichtseinheiten, didaktisch-methodische Kommentare, Lernmaterialien, Medien etc.) (Lehr-Lernpakete)*
3. *Curricula werden von den Zielen und den diesen zuordnenbaren Inhalten her entwickelt.*
4. *Curriculare Ansätze haben sich am stärksten in der beruflichen Weiterbildung erhalten bzw. durchgesetzt.*[158]

156 Arnold et al. (2011), S. 98
157 Vgl. Arnold et al. (2011), S. 98
158 Arnold et al. (2011), S. 99

5.2.3 Gewährleistung des Kompetenzerwerbs

Zur Gestaltung eines nachhaltigen Lernprozesses – und dem daraus resultierenden Kompetenzerwerb – ist es unumgänglich, die möglichen Lernmethoden hinsichtlich ihres Lernerfolges zu betrachten. Empirischen Befunden der Lernpsychologie zufolge behalten Menschen:

„was sie hören zu 20 %
was sie sehen zu 30 %
was sie hören und sehen zu 40 %
was sie sagen zu 70 %
was sie selber tun zu 90 %“[159]

Der größte Lernerfolg ist demnach zu verzeichnen, wenn die Lernenden die Lerninhalte eigenständig bearbeiten. Allerdings ist dies aufgrund von organisatorischen Rahmenbedingungen oder fachlichen Anforderungen nicht immer umsetzbar, sodass sich in der Praxis eine Kombination aus unterschiedlichen Qualifikationsmethoden durchgesetzt hat. MIETH hat in diesem Zusammenhang verschiedene Methoden auf ihre Tauglichkeit für die Qualifikation von Unternehmensbauleitern hinsichtlich verschiedener Kriterien wie der Praxisnähe und der Vereinbarkeit mit dem Arbeitsablauf analysiert. Das Ergebnis dieser Untersuchungen wird auszugsweise in der Tabelle 21 dargestellt.

Methode	Primär vermittelbare Qualifikationen/Kenntnisse				Geeignet für die Qualifizierung einer Gruppe	Prozess-charakter
	Fachliche Qualifikation	Außerfachl. Qualifikation	Grund-kenntnisse	Vertiefte Kenntnisse		
Seminar	ja	ja	ja	ja, nur fachlichen Qualifikation	ja	nein
Vortrag	ja	sehr begrenzt	ja	ja, nur fachlichen Qualifikation	ja	nein
Job-Rotation-Programme	ja	ja	ja	ja	nein	ja
Projektarbeit	ja	ja	ja	ja	ja	ja
Qualitätszirkel	sehr begrenzt	ja	ja	ja	ja	ja
Coaching	sehr begrenzt	ja	ja	ja	Nein, nur in abgewandelter Form als Gruppen-Coaching	ja
Mentoring	sehr begrenzt	ja	ja	ja	nein	ja
Selbstorganisiertes Lernen	ja	sehr begrenzt	ja, zur Ergänzung	ja, zur Ergänzung	nein	ja

Tabelle 21: Eignung ausgewählter Qualifizierungsmethoden zur Qualifizierung von Unternehmensbauleitern[160]

[159] Mieth (2007), S. 31
[160] Angelehnt an Mieth (2007), S. 36

MIETH kommt zu dem Schluss, dass bei dem Einsatz von Qualifizierungsmethoden wie dem Seminar oder dem Vortrag, die in der Regel keinen Prozesscharakter zulassen, ergänzende Qualifizierungsmethoden notwendig sind, sodass der nachhaltige Kompetenzerwerb zur Handlungsfähigkeit gewährleistet wird.[161]

Kompetenzerwerb wird dann nachhaltig und erfolgreich gestaltet, wenn die Lerneinheiten in den folgenden vier Schritten aufeinander aufbauen:

1. *„**Aneignen** – Der Lerner eignet sich aktiv neue Kompetenzen an.*
2. ***Einüben** – Der Lerner übt die neuen Kompetenzen beispielhaft in Übungssituationen ein und erlebt seine Rolle.*
3. ***Anwenden** – Der Lerner erlebt seinen Kompetenzzuwachs, also seinen Lernerfolgt, schon während der Qualifizierung durch ein erstes Anwenden in seinem betrieblichen Kontext.*
4. ***Reflektieren** – Der Lerner reflektiert die Tragfähigkeiten der neu erworbenen Kompetenzen für die Praxis sowie seine eigene Rolle dabei.“*[162]

5.2.4 Anforderungen an Studiengänge

Durch das Gesetz zur Errichtung einer Stiftung „Stiftung zur Akkreditierung von Studiengängen in Deutschland“ (ASG) aus dem Jahre 2005[163] wurde der gesetzliche Rahmen zur Akkreditierung von Studiengängen in Deutschland geschaffen.[164] Mit dieser Akkreditierung wird die *„Gleichwertigkeit einander entsprechender Studien- und Prüfungsleistungen sowie Studienabschlüsse sowie die Möglichkeit des Hochschulwechsels gewährleistet.“*[165]

Mit Inkrafttreten dieses Gesetzes entstand die „Stiftung zur Akkreditierung von Studiengängen in Deutschland“ – der Akkreditierungsrat.[166] Dieser hat unter anderem die Aufgabe, Akkreditierungsagenturen zu (re-)akkreditieren, die somit die Berechtigung erhalten, ihrerseits Studiengänge durch die Verleihung des Siegels des Akkreditierungsrates zu akkreditieren. Zudem erlässt der Akkreditierungsrat verbindliche Vorgaben für die jeweiligen Agenturen, die bei der Akkreditierung von Studiengängen berücksichtigt werden müssen und überprüft die Einhaltung dieser Vorgaben.[167] Einen

[161] Vgl. Mieth (2007), S. 37
[162] BG BAU (2011), S.17
[163] ASG (2005)
[164] Vgl. ASG (2005) sowie für NRW: Akkreditierungsrat (2011), S. 5
[165] Akkreditierungsrat [Hrsg.] (2014)
[166] Weitere Informationen zum Akkreditierungsrat unter: http://www.akkreditierungsrat.de
[167] ASG (2005), S. 1

Überblick über die rechtlichen Grundlagen des Akkreditierungs-Stiftungs-Gesetzes zeigt die Abbildung 49.

Abbildung 49: Rechtliche Grundlagen: Akkreditierungs-Stiftungs-Gesetz[168]

Durch diese rechtlichen Grundlagen werden die Anforderungen an das gestufte Studiensystem – die Bachelor- und Masterstudiengänge – in Deutschland geregelt.

Während im Rahmen von Bachelorstudiengängen *„wissenschaftliche Grundlagen, Methodenkompetenz und berufsfeldbezogene Qualifikationen“*[169] *vermittelt* und somit eine *„breite wissenschaftliche Qualifizierung [...] sichergestellt“*[170] werden soll, dienen Masterstudiengänge der *„fachlichen und wissenschaftlichen Spezialisierung“.*[171]

Bei Masterstudiengängen wird zwischen konsekutiven – das heißt unmittelbar auf einen Bachelorabschluss aufbauenden – und weiterbildenden Studiengängen unterschieden. Weiterbildende Masterstudiengänge setzen i.d.R. mindestens ein Jahr Berufserfahrung voraus.[172]

Sowohl Bachelor- als auch Masterstudiengänge müssen modularisiert aufgebaut sein und über ein Leistungspunktesystem verfügen.[173] Die CP sollen dabei die Arbeitsbelastung des Studierenden während der Präsenz- und Selbstlernphasen darstellen. Es

168 Eigene Darstellung nach Akkreditierungsrat [Hrsg.] (2014)
169 Kultusministerkonferenz (2010), S. 5
170 Kultusministerkonferenz (2010), S. 5
171 Kultusministerkonferenz (2010), S. 5
172 Vgl. Akkreditierungsrat (2007), S. 4
173 Vgl. Kultusministerkonferenz (2010), S. 8

werden in der Regel 60 CP pro Studienjahr vergeben, wobei ein CP 25 bis max. 30 Stunden widerspiegelt. Hieraus ergibt sich eine Arbeitsbelastung von insgesamt 750 bis 900 Stunden pro Semester.[174]

Für berufs- bzw. tätigkeitsbegleitende Studiengänge, neben deren Absolvierung eine Vollzeitbeschäftigung ausgeübt wird, werden 60 CP pro Semester als nicht studierbar angesehen. Es hat in diesen Studiengängen eine entsprechende Reduzierung der Arbeitsbelastung und eine daraus resultierende Verlängerung der Regelstudienzeit zu erfolgen.[175]

Für jeden Studiengang ist ein Curriculum[176] verpflichtend, aus dem die von den Studierenden zu erwerbenden spezifischen Fachkompetenzen sowie übergeordnete Fach-, Sozial- und methodische Kompetenzen hervorgehen. Zudem muss dargestellt werden, wie der Erwerb dieser Studienziele im Rahmen einzelner Module und in der Gesamtheit des Studiums gewährleistet wird.[177]

Weiterbildende Studiengänge sollen die erste Berufserfahrung im Curriculum berücksichtigen und auf dieser aufbauen.[178]

Etwaige, im Rahmen eines Studiums zu erbringende Praxisanteile sind dann leistungspunktefähig, wenn sie in das Studium integriert sind und einen betreuten Abschnitt der beruflichen Ausbildung im Rahmen des Studiums darstellen. Optimalerweise werden diese Praxisphasen durch eine Lehrveranstaltung begleitet.[179]

Für die Modularisierung ist eine Beschreibung jedes Moduls zwingend erforderlich. So wird gewährleistet, dass sich das Studienangebot durchgängig an den Qualifizierungszielen orientiert und der Beitrag jedes Moduls zur Erreichung des Gesamtziels transparent dargestellt wird.[180]

Diese und weitere Anforderungen an die Entwicklung von Studiengängen finden im Rahmen der Entwicklung des nachfolgenden Bausteins I – Ausbildungskonzept Berücksichtigung.

---

174 Vgl. Kultusministerkonferenz (2010), Anlage, S. 2

175 Vgl. Akkreditierungsrat (2010), S. 23

176 Bei einem Curriculum handelt es sich um eine strukturierte Darstellung der Ziele, Inhalte sowie Methoden einer Lerneinheit. Es beinhaltet Lernziele und Lerninhalte. Vgl. hierzu Springer Gabler Verlag [Hrsg.] (2014e)

177 Vgl. Akkreditierungsrat (2013), S. 11

178 Vgl. Akkreditierungsrat (2007), S. 5

179 Vgl. Akkreditierungsrat (2005), S. 1

180 Vgl. Kultusministerkonferenz (2010), Anlage, S. 1

5.3 Vorgehen zur Entwicklung des Kompetenzmodells

Das fertige Kompetenzmodell setzt sich – wie bereits erwähnt – aus vier Bausteinen zusammen, welche nachfolgend entwickelt werden.

Zunächst erfolgt im Baustein I die Betrachtung der Ausbildung von zukünftigen Führungskräften im Baubetrieb und die Erstellung eines prozessorientierten Ausbildungskonzeptes. Hierfür wurden zahlreiche Workshops sowie Expertengespräche mit Unternehmen der Bauwirtschaft durchgeführt. Ebenfalls fließen die Ergebnisse der Ist-Prozessanalysen der Bauprojektabwicklung sowie die daraus resultierenden Standardprozesse und das Kompetenzprofil in das Ausbildungskonzept ein.

Den Baustein II des Kompetenzmodells stellt eine Wissensplattform dar, die als Unterstützung des Ausbildungskonzeptes fungieren soll. Ziel dieser Wissensplattform ist es, Wissen zu bündeln und an zentraler Stelle den Nachwuchskräften zur Verfügung zu stellen, sodass sie – auch im schnelllebigen Berufsalltag – eine zentrale Anlaufstelle haben. Die Nachwuchskräfte sollen über diese Plattform die Möglichkeit erhalten, ein berufliches Netzwerk aufzubauen, zu pflegen und neue (fachliche) Erkenntnisse mit anderen zu teilen.

Baustein III bildet die Berufspraxis. Diese wird bereits im Rahmen des Bausteins I – Ausbildungskonzept mit in die Ausbildung einbezogen und stellt auch im weiteren Berufsleben einen zentralen Aspekt des Kompetenzerwerbs dar.

Lebenslanges Lernen gewinnt einen immer höheren Stellenwert, sodass im Baustein IV die Weiterbildung im Rahmen des Kompetenzmodells betrachtet wird.

5.4 Baustein I // Ausbildungskonzept

Sowohl das Bauen an sich als auch die Rahmenbedingungen, unter denen Bauwerke entstehen, werden immer anspruchsvoller. In den letzten Jahren haben die qualitativen Anforderungen stark zugenommen, sowohl die Prozesse als auch die Endprodukte im Baubetrieb sind hochkomplex. Zeitgleich herrscht ein starker Zeit- und Kostendruck, der auf die Bauunternehmen wirkt. Führungskräfte im Baubetrieb übernehmen in diesem Zusammenhang eine hohe Verantwortung – sowohl für die Materialien und das Endprodukt als auch für die beteiligten Menschen. Sich auf diese Anforderungen einzustellen und auch unter Zeitdruck weitreichende Entscheidungen zu treffen sowie die Folgen der Entscheidungen überblicken zu können, gestaltet sich schwierig.

Aufgabe der Hochschulen ist es, die Nachwuchskräfte zielgerichtet für ihr späteres Berufsleben auszubilden und sie so auf diese Anforderungen vorzubereiten. Das in diesem Kapitel erarbeitete Ausbildungskonzept soll dabei einen Weg aufzeigen, wie es gelingen kann, Hochschule und Praxis stärker zu verzahnen und so praxisorientierte Lehre zu gestalten.

5.4.1 Rahmenbedingungen des Ausbildungskonzeptes

Ein Großteil der Rahmenbedingungen ergibt sich aus dem Kapitel 3 – der Betrachtung des Bildungsmarktes und -bedarfes –, hier im Speziellen aus den Anforderungen der Bauunternehmen.

Ziel des Ausbildungskonzeptes ist es, den zukünftigen Führungskräften Kompetenzen in allen Prozessen der Bauausführung, übergeordneten wirtschaftlichen Themengebieten, Mitarbeiterführung sowie Sondergebieten zu vermitteln. Der Arbeitsschutz wird dabei als integrativer Bestandteil der jeweiligen Prozesse angesehen. Über den gesamten Ausbildungsprozess hinweg sollen auch die Selbst- und Sozialkompetenz gestärkt werden.

Als Abschluss wurde gemeinsam mit Experten der Bergischen Universität Wuppertal die Entscheidung getroffen, entgegen der Ergebnisse der Zielgruppenbefragungen, keinen Master of Engineering (M.Eng.), sondern den Abschluss Master of Business Engineering (MBE) zu vergeben. Grund für diese Entscheidung ist die Tatsache, dass im Titel MBE der wirtschaftliche Aspekt stärkere Berücksichtigung findet und dieser das Ziel des Ausbildungskonzeptes widerspiegelt.

Da das Studienkonzept eine erste akademische und berufliche Vorbildung im Bauwesen voraussetzt, sind vorrangig Bauingenieure und Architekten Zielgruppe des Studiengangs. Aber auch Wirtschaftsingenieure mit einem Schwerpunkt im Bereich Bauen, die eine Karriere als Führungskraft in einem Bauunternehmen anstreben, können dieses Studium absolvieren. Neben dem ersten berufsqualifizierenden Abschluss (Diplom oder Bachelor) werden mindestens ein Jahr einschlägige Berufserfahrung sowie ein Arbeitsvertrag mit einem Unternehmen der Bauwirtschaft vorausgesetzt. Das Studium wird in Form von Blockveranstaltungen mit zwei Monaten Präsenzstudium angeboten und dauert inklusive der Bearbeitung der Masterthesis drei Jahre.

Da es sich bei dem Ausbildungskonzept um einen Weiterbildungsstudiengang handelt, welcher sich von alleine tragen muss, betragen die Studiengebühren 5.600 €/Jahr – insgesamt 16.800 €. Die Ermittlung dieser Kosten erfolgte über eine Wirtschaftlichkeitsbetrachtung und liegt damit in dem finanziellen Rahmen, der bereits im Kapitel 3.3.2 für weiterbildende Masterstudiengänge evaluiert wurde. Durchschnittlich werden in diesen Studiengängen 2.968,64 €/Semester, folglich 5.937,28 €/Jahr an Studiengebühren erhoben.

Der Studiengang wird – anders als üblich – keine themenfeldbezogenen Module beinhalten, sondern an den tatsächlichen Bauprozessen ausgerichtet sein. Ein weiteres Ziel ist es, einen Großteil der Dozenten aus der Praxis zu gewinnen, um eine starke Praxisorientierung zu gewährleisten. Allgemein besteht ein großes Bestreben an der Zusammenarbeit mit Unternehmen der Baubranche. Neben den Blockveranstaltungen und den 10-monatigen Praxisphasen zwischen jedem Block werden die Nachwuchskräfte Projektarbeiten mit konkreten Fragestellungen in Teams bearbeiten.

Die Tabelle 21 zeigt eine Gegenüberstellung der wesentlichen Umfrageergebnisse mit den Rahmenbedingungen des Ausbildungskonzeptes:

Anforderung aus Befragung	erf.?	Erläuterung
Berufsbegleitend	ja	Da der Studiengang als Weiterbildungsstudiengang angeboten wird, wird neben der berufsbegleitenden Ausrichtung zudem mind. ein Jahr Berufserfahrung vorausgesetzt.
Präsenzzeiten in Form von Blockveranstaltungen mit 6 – 8 Wochen im Januar und Februar	z.T.	Aus organisatorischen Gründen mussten die Präsenzzeiten in die Monate Februar und März verlegt werden.
Art des Abschlusses: M.Eng.	z.T.	Entscheidung wurde für MBE getroffen.
Praxisnähe:		
Ausrichtung des Studiengangs an den tatsächlichen Bauprozessen	ja	Inhalte werden nach dem Kriterium vermittelt, zu welchem Zeitpunkt sie im Bauprozess relevant sind, dadurch wird gewährleistet, dass die Studieninhalte sich am tatsächlichen Bauprozess ausrichten.
Zusammenarbeit mit Unternehmen und Firmen der Branche	ja	Bereits im Rahmen der Konzeptionierung wurden Unternehmen aktiv mit eingebunden, der Studiengang lebt von einem großen Netzwerk, und es wird ein Beirat mit Vertretern der Bauwirtschaft eingerichtet.
Dozenten aus Wirtschaft und Praxis	ja	Ca. 70% der Dozenten sollen aus Wirtschaft und Praxis kommen
Bearbeitung von Fall- und Projektstudien	ja	Aufbauend auf den Vorlesungen der beiden ersten Blockveranstaltungen sollen Projektarbeiten zu konkreten Fragestellungen der jeweiligen (Bau-)Phase in Teams bearbeitet werden.
Praktika/Praxisphasen	ja	Durch die Bündelung der Vorlesungen auf zweimonatige Blockveranstaltungen können die Studierenden das restliche Jahr arbeiten und so erste Praxiserfahrung sammeln.
Überschneidungen einzelner Lehrinhalte nur da, wo es sinnvoll ist	ja	Abstimmung der Dozenten untereinander, um Dopplungen zu vermeiden, sowie Erstellung einer Schnittstellenmatrix.

Tabelle 22: Gegenüberstellung der wesentlichen Umfrageergebnisse mit den Rahmenbedingungen des Ausbildungskonzeptes

5.4.2 Vorgehen zur inhaltlichen Entwicklung des Ausbildungskonzeptes

Basis für die inhaltliche Entwicklung des Ausbildungskonzeptes bilden der Kick-Off-Workshop zur Initiierung eines neuen Masterstudiengangs[181] sowie die Ergebnisse der Online-Befragung von Unternehmen der Bauwirtschaft[182].

Aufbauend auf diesen Ergebnissen wurden Expertenworkshops mit Vertretern der Bauwirtschaft zu den folgenden Themenbereichen durchgeführt:

- Arbeitsschutz,[183]
- Bauprojektmanagement und Bauverfahrenstechniken,
- Bauwirtschaft sowie
- besondere Bauweisen.

In diesen Workshops wurden mithilfe von Methoden wie dem Brainstorming oder der Pinnwandmoderation die relevanten Studieninhalte für die Ausbildung von Führungskräften im Baubetrieb ermittelt.

Im Nachgang erfolgte die Zusammenfassung der im Rahmen der Workshops ermittelten Studieninhalte. Da der Studiengang sich in seinen Modulen am Bauprozess orientieren soll, wurden diese Studieninhalte gemäß den folgenden Themenbereichen strukturiert:

1. Einführung und Grundlagen
2. Bauverfahrenstechnik und Arbeitsschutz
3. Angebots- und Vergabeprozesse
4. Prozesse der Arbeitsvorbereitung
5. Prozesse der Bauausführung
6. Prozesse nach der Bauausführung
7. Bauwirtschaft
8. Strategische Unternehmensführung
9. Sonderbereiche des Bauwesens

Diese Themenbereiche stellen zugleich die neun Module des Ausbildungskonzeptes dar.

---

181 Die Ergebnisse dieses Kick-Off-Workshops sind der Anlage 4 zu entnehmen.

182 Die Ergebnisse der Online-Befragung der Unternehmen der Bauwirtschaft sind der Anlage 4 zu entnehmen.

183 Der Workshop zum Themenbereich Arbeitsschutz fand im Rahmen des Forschungsprojektes „Verbesserung des gelebten Arbeitsschutzes auf Baustellen (VegAB)“ an der Bergischen Universität Wuppertal statt. Das Projekt wurde vom Interdisziplinären Zentrum III (IZ3) in Kooperation mit dem BZB durchgeführt. Gefördert wurde das Projekt vom Bundesministerium für Arbeit und Soziales.

Die Erarbeitung der detaillierten Inhalte des Ausbildungskonzeptes erfolgte anschließend auf Basis dieser prozessorientierten Module. Grundlage hierfür bildet das in Kapitel 4 entwickelte Kompetenzprofil der Führungskräfte im Baubetrieb. Anhand der notwendigen Kompetenzen, die zur Abwicklung der jeweiligen Bauprozesse notwendig sind, wurden die relevanten Inhalte definiert. Hierfür wurde zusätzlich auf diverse einschlägige Literatur zurückgegriffen.[184]

Durch Expertengespräche mit Fachleuten aus Hochschule und Praxis wurde anschließend die Validierung und Anpassung der Studieninhalte vorgenommen. Für die Themengebiete des Arbeitsschutzes erfolgte eine enge Abstimmung mit der BG BAU. Alle Studieninhalte sowie die in den jeweiligen (Teil-)Modulen zu erwerbenden Kompetenzen sind der Anlage 9 (Modulhandbuch) sowie der Anlage 10 (Studienverlaufsplan) zu entnehmen.

Die Festlegung der Dauer der jeweiligen (Teil-)Module sowie der Stundenumfang der Themengebiete basiert auf der Relevanz und Komplexität des jeweiligen Themas sowie einer Validierung über Expertengespräche. Hinsichtlich der zur Verfügung stehenden Gesamt-Stundenzahl gelten die folgenden zwei Parameter:

- Durch die Entscheidung, 120 CP für das Masterstudium zu vergeben, und die Tatsache, dass 1 CP einem Workload von 30 h entspricht, müssen im gesamten Studium 120 x 30 h = 3.600 h absolviert werden. Diese setzen sich aus Präsenzzeiten, Eigenarbeit sowie Anteilen aus der Berufspraxis zusammen.[185]
- Aufgrund der Tatsache, dass bei berufsbegleitenden Studiengängen ein jährlicher Umfang von 60 CP als nicht studierbar angesehen wird[186], muss die Ausbildung auf drei Jahre gestreckt werden. Hieraus ergibt sich eine jährliche CP-Zahl von 40, was einem Arbeitsaufwand von 1.200 h pro Jahr entspricht.

Da die zwei Projektarbeiten mit je 10 CP, die drei Praxisphasen mit je 7 CP und die Masterthesis mit 25 CP bewertet werden, verbleiben für die neun Module 54 CP. Als weiterer Einflussfaktor ist die maximal zur Verfügung stehende Präsenzzeit von insgesamt sechs Monaten zu berücksichtigen. Die Verteilung der CP auf diese Module und die daraus resultierende Stundenzahl wird im Kapitel 5.4.3 dargestellt.

5.4.3 Aufbau des Ausbildungskonzeptes

Aufbauend auf einem ersten berufsqualifizierenden Studienabschluss und der dadurch erworbenen breiten Grundlagenausbildung verfolgt das Ausbildungskonzept das Ziel,

---

[184] Die für die Definition der Studieninhalte verwendete Literatur ist der Anlage 10 zu entnehmen.
[185] Vgl. Kultusministerkonferenz (2010), Anlage, S. 2
[186] Vgl. Akkreditierungsrat (2010), S. 23

handlungsfähige Führungskräfte im Baubetrieb auszubilden. Zur Gewährleistung dieses Ziels weist das Ausbildungskonzept – wie bereits erwähnt – eine Organisation auf, in der sich die Module am Bauprozess orientieren.

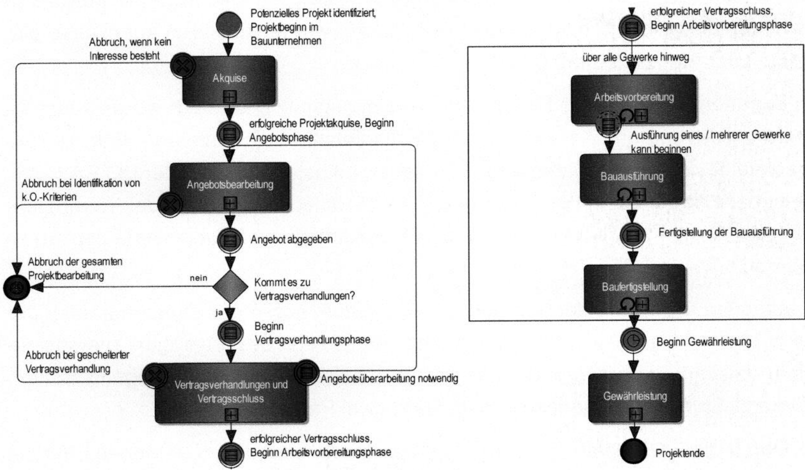

Abbildung 50: Prozessgedanke des Ausbildungskonzeptes

Der in Abbildung 50 dargestellte Prozessgedanke des Ausbildungskonzeptes zieht sich durch alle Module. Sofern eine Zuordnung der Vorlesungsinhalte zu den jeweiligen Prozessen möglich ist, wird der entsprechende Prozess im Rahmen der Lehrveranstaltung aufgegriffen und die Unterprozesse erläutert.

Das detaillierte Vorgehen wird am Beispiel des Teilmoduls M03-2 Angebotsbearbeitung im Kapitel 5.4.5 dargestellt, vorab erfolgt jedoch die Darstellung der einzelnen Module mit ihren Themengebieten und zu erwerbenden Kompetenzen.

Das gesamte Ausbildungskonzept ist in Anlehnung an diesen Prozessgedanken aufgebaut. Das erste Modul vermittelt Grundlagen, die für das generelle Verständnis des Zusammenwirkens der am Bauprojekt Beteiligten notwendig sind. Im zweiten Modul schließen sich die relevanten Bauverfahrenstechniken an, die den Studierenden eine Ausgangsbasis für die nachfolgende Projektbearbeitung vermitteln.

In den Modulen drei bis sechs erwerben die Studierenden Kenntnisse in den Prozessen der Bauprojektabwicklung gemäß bereits beschriebenem Schema. Die Vertiefung dieses Wissens erfolgt jeweils durch eine semesterbegleitende Projektarbeit im Anschluss an den ersten und zweiten Block. Im dritten Block absolvieren sie die übergeordneten Module Bauwirtschaft, Strategische Unternehmensführung sowie Sonderbereiche des Bauwesens. Im Anschluss an den dritten Block erstellen die Studierenden die Masterthesis.

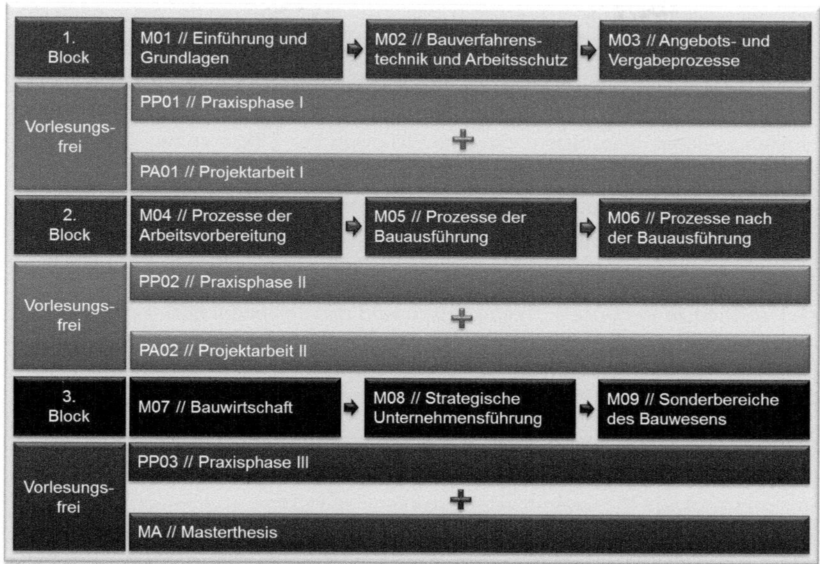

Abbildung 51: Aufbau des Ausbildungskonzeptes

Um das Ziel des Studiums, die Ausbildung von handlungsfähigen Führungskräften im Baubetrieb, zu erreichen, wird der Transfer des theoretisch erlernten Wissens in die Praxis nach der in Kapitel 5.2.3 beschriebenen Methodik „Aneignen – Einüben – Anwenden – Reflektieren“ gewährleistet. Das Studienkonzept sieht dies wie folgt vor:

1. **Aneignen:** Im Rahmen der Vorlesungen eignen sich die Studierenden aktiv neue Kompetenzen an.
2. **Einüben:** Im Rahmen von vorlesungsbegleitenden sowie übergeordneten Übungen können die Studierenden anhand von beispielhaften Aufgaben- und Problemstellungen die neu erworbenen Kompetenzen einüben.
3. **Anwenden:** Der Prozess des Anwendens von eingeübtem Wissen wird über zwei unterschiedliche Aspekte gewährleistet: Einerseits wenden die Studierenden die erlangten Kompetenzen im Rahmen der semesterbegleitenden Projektarbeit an, andererseits erfolgt – aufgrund der berufsbegleitenden Ausrichtung des

Masterstudiengangs und dem hohen Anteil an Praxisphasen – ein direkter Transfer der Kompetenzen auf die berufliche Praxis.

4. **Reflektieren:** Auch die Reflexion erfolgt über drei unterschiedliche Methoden: Der eigentliche Vorlesungsbetrieb schließt mit einer Prüfung ab, die je nach Modul sowohl in schriftlicher als auch in mündlicher Form bzw. in Form von Ausarbeitungen erfolgt. Über die semesterbegleitende Projektarbeit wird eine Ausarbeitung angefertigt und ein anschließendes Semester-Abschlusscolloquium gehalten, welches einerseits die eigene Reflexion der Studierenden, andererseits ein Feedback der verantwortlichen Prüfer ermöglicht. Über die drei Praxisphasen ist zum Ende des Studiums ein Praxisbericht anzufertigen, der ebenfalls eine Reflexion des Wissens- und Kompetenzzuwachses beinhaltet.

Nachfolgend werden die wesentlichen Ziele/Kompetenzen aller Module sowie ihrer jeweiligen Teilmodule dargestellt. Exemplarisch wird das Teilmodul M03-2 Angebotsbearbeitung dezidiert betrachtet.

5.4.3.1 Modul 01 // Einführung und Grundlagen

Die Studierenden sind in der Lage, die wesentlichen Organisationsstrukturen auf Baustellen sowie die Rechte und Pflichten der am Bauprojekt Beteiligten zu verstehen. Sie kennen grundlegende IT-Systeme des Bauwesens und können ihre Einsatzgebiete sowie Vor- und Nachteile der jeweiligen Systeme benennen. So lernen sie insbesondere die Methodik BIM sowie ihre Anwendungsgebiete und Vor- und Nachteile kennen. Die Studierenden beherrschen ferner die Grundlagen des Vergabe- und Vertragsrechtes und können diese auf spezifische rechtliche Problemstellungen anwenden.

MODUL	M01 // EINFÜHRUNG UND GRUNDLAGEN	
Lehrmethoden	Vorlesung (74 %), Übung/Workshop (26 %)	
Prüfungsleistungen	Klausur	
TEILMODULE		
Nr.	Name des Teilmoduls	Vorlesungsdauer (h à 45 min)
M01-1	Einführung, Organisation, Aufgabenbereiche und Kommunikation der am Bau Beteiligten	27
M01-2	Gesetze und Verordnungen sowie Verantwortung und Haftung / Rechte und Pflichten	10
M01-3	Baustellenorganisation	8
M01-4	Grundlagen IT im Bauwesen und Dokumentenmanagement	27
M01-5	Grundlagen Vergabe- und Vertragsrecht	27

Tabelle 23: M01 // Einführung und Grundlagen – Aufbau und Teilmodule

5.4.3.2 *Modul 02 // Bauverfahrenstechnik und Arbeitsschutz*

Die Studierenden verstehen die einzelnen Bauverfahrenstechniken sowie ihre Anwendungsgebiete und kennen die damit verbundenen Gefährdungen für die Beschäftigten auf der Baustelle. Sie sind in der Lage, einzelne Verfahren zu beschreiben und die wesentlichen Vor- und Nachteile gegenüber alternativen Bauverfahren zu erläutern. Sie erwerben die Fähigkeit, sowohl in Theorie als auch in der Praxis unter Berücksichtigung des Arbeitsschutzes Entscheidungen über die Auswahl von Bauverfahren zu treffen und bereits vorgegebene Bauverfahren kritisch zu bewerten und bei Bedarf alternative Bauverfahren vorzuschlagen. In diesem Zusammenhang kennen sie auch neue sowie innovative Verfahrenstechniken und können ihren Einsatz bewerten.

MODUL	M02 // BAUVERFAHRENSTECHNIK UND ARBEITSSCHUTZ	
Lehrmethoden	Vorlesungen, Übungen integriert (100 %)	
Prüfungsleistungen	Klausur	
TEILMODULE		
Nr.	Name des Teilmoduls	Vorlesungsdauer (h à 45 min)
M02-1	Bauverfahrenstechnik – Tiefbau	20
M02-2	Bauverfahrenstechnik – Straßenbau	10
M02-3	Bauverfahrenstechnik – Ingenieurbauwerke (Tunnel- und Brückenbau, Wasserbau)	15
M02-4	Bauverfahrenstechnik – Hochbau – Rohbau	45
M02-5	Bauverfahrenstechnik – Hochbau – Gebäudehülle	38
M02-6	Bauverfahrenstechnik – Hochbau – Technische Gebäudeausrüstung	41
M02-7	Bauverfahrenstechnik – Hochbau – Allgemeiner Ausbau	27

Tabelle 24: M02 // Bauverfahrenstechnik und Arbeitsschutz – Aufbau und Teilmodule

5.4.3.3 *Modul 03 // Angebots- und Vergabeprozesse*

Die Studierenden sind in der Lage, die relevantesten Prozesse in der Phase der Angebotsbearbeitung und der Auftragsvergabe zu verstehen und diese wiederzugeben. Ihnen ist bewusst, dass der Arbeitsschutz ein integraler Bestandteil ist. Die Studierenden können dieses Wissen eigenständig auf Fragestellungen aus Theorie und Praxis anwenden, Angebote ausarbeiten und an Vertragsverhandlungen teilnehmen. Im Rahmen des Moduls erlernen die Studierenden, wie die Methodik BIM in die Angebots- und Vergabeprozesse eingebunden werden kann und welche Vorteile hieraus resultieren. Sie sind in der Lage, eigenständig kleinere Kalkulations- und Terminplanungsaufgaben mit der Methodik BIM durchzuführen.

MODUL	M03 // ANGEBOTS- UND VERGABEPROZESSE	
Lehrmethoden	Vorlesung (53 %), Übung/Workshop (47 %)	
Prüfungsleistungen	Klausur, Präsentationen	
TEILMODULE		
Nr.	Name des Teilmoduls	Vorlesungsdauer (h à 45 min)
M03-1	Akquise	12
M03-2	Angebotsbearbeitung	64
M03-3	Vertragsverhandlungen und Vertragsschluss	4

Tabelle 25: M03 // Angebots- und Vergabeprozesse – Aufbau und Teilmodule

5.4.3.4 *Praxisphase 01*

Die Studierenden sind in der Lage, die im Rahmen der Module M01 bis M03 erworbenen Kenntnisse und Fertigkeiten auf ihren Berufsalltag zu übertragen.

Dabei können sie sowohl ihre persönlichen Stärken als auch vorhandene Schwächen kritisch reflektieren und geeignete Maßnahmen zur Kompensation ergreifen.

MODUL	PP01 // PRAXISPHASE 1
Lehrmethoden	Erwerb von Berufspraxis, optimalerweise im Bereich der Angebotsbearbeitung und der Vertragsphase
Prüfungsleistungen	Praxisbericht, abzugeben im Anschluss an die Praxisphase 03

Tabelle 26: PP01 // Praxisphase 1

5.4.3.5 *Projektarbeit 01*

Im Rahmen der Projektarbeit wenden die Studierenden die im ersten Block (M01 – M03) erworbenen Kenntnisse in Teamarbeit eigenständig auf konkrete Fragestellungen aus der Praxis an.

Dabei können sie die Prozesse der Akquise, Angebotsbearbeitung und des Vertragsschlusses ganzheitlich erfassen und eine Angebotsbearbeitung durchführen. Sie sind in der Lage, in Teams zusammenzuarbeiten und auch komplexe Frage- und Problemstellungen zu hinterfragen und Lösungen zu entwickeln. Die Studierenden verstehen es, sich sowohl in schriftlicher als auch in mündlicher Form auszudrücken und mit Fachexperten über Themenstellungen der Angebotsbearbeitung sowie der Vergabe zu diskutieren.

Modul	**PA01 // Projektarbeit 1**
Lehrmethoden	Eigenarbeit in Teams, Kommunikationsplattform
Prüfungsleistungen	Semesterabschlusscolloquium

Tabelle 27: PA01 // Projektarbeit 1

5.4.3.6 Modul 04 // Prozesse der Arbeitsvorbereitung

Die Studierenden kennen die Prozesse der Arbeitsvorbereitung und können das Erlernte eigenständig auf Fragestellungen und Probleme in der Arbeitsvorbereitung sowie der Baulogistik übertragen. In diesem Zusammenhang ist ihnen bewusst, dass der Arbeitsschutz ein integraler Bestandteil ist. Ferner können sie eigenständig Konzepte zur Baustelleneinrichtung und Baulogistik, Arbeitskalkulationen sowie Koordinations- und Feinterminplanung erstellen. Zudem sind sie in der Lage, Ausschreibungen für Nachunternehmervergaben zu erstellen und an den Vergaben mitzuwirken.

Im Rahmen des Moduls erlernen die Studierenden, wie die Methodik BIM in die Prozesse der Arbeitsvorbereitung eingebunden werden kann und welche Vorteile hieraus resultieren. Sie sind in der Lage, eigenständig kleinere Aufgaben der Arbeitsvorbereitung (z.B. Mengenermittlung, Terminplanung) mit der Methodik BIM durchzuführen.

Modul	**M04 // Prozesse der Arbeitsvorbereitung**	
Lehrmethoden	Vorlesung (82 %), Übung (18 %)	
Prüfungsleistungen	Klausur	
Teilmodule		
Nr.	Name des Teilmoduls	Vorlesungsdauer (h à 45 min)
M04-1	Ressourcen- und Terminplanung – Arbeitsvorbereitung allgemein	62
M04-2	Baulogistik	63

Tabelle 28: M04 // Prozesse der Arbeitsvorbereitung – Aufbau und Teilmodule

5.4.3.7 Modul 05 // Prozesse der Bauausführung

Die Studierenden erlangen Kompetenzen in allen Prozessen der Bauausführung. Sie sind in der Lage, die operative Bauausführung zu organisieren und zu steuern. So kennen sie die Grundlagen des Nachunternehmermanagements, der Qualitätssicherung und des Mängelmanagements und können das Wissen auf konkrete Fragestellungen aus der Praxis übertragen. Ferner haben sie die Bedeutung des Arbeitsschutzes auf Baustellen verinnerlicht und können die Baustelle auch hinsichtlich der Einhaltung des Gesundheitsschutzes führen und steuern. Außerdem werden die Studierenden befähigt, das Vertrags- und Nachtragsmanagement auf der Baustelle durchzuführen.

Im Rahmen des Moduls erlernen die Studierenden, wie die Methodik BIM in die Prozesse der Bauausführung eingebunden werden kann und welche Vorteile hieraus resultieren. Sie sind in der Lage, eigenständig kleinere Aufgaben der Bauausführung (z.B. Identifizierung von geänderten Leistungen, Aufmaßerstellung) mit der Methodik BIM durchzuführen.

Modul	M05 // Prozesse der Bauausführung	
Lehrmethoden	Vorlesung (70 %), Übung (30 %)	
Prüfungsleistungen	Klausur	
Teilmodule		
Nr.	Name des Teilmoduls	Vorlesungsdauer (h à 45 min)
M05-1	Bauausführung	72
M05-2	Praktische Übungen / Exkursionen zum Themengebiet Arbeitsschutz	18
M05-3	Vertrags- und Nachtragsmanagement	52

Tabelle 29: M05 // Prozesse der Bauausführung – Aufbau und Teilmodule

5.4.3.8 Modul 06 // Prozesse nach der Bauausführung

Die Studierenden erlangen Kompetenzen in allen Prozessen nach der Bauausführung. Sie sind in der Lage, Abnahmen sowohl mit Nachunternehmern als auch gegenüber dem Bauherrn durchzuführen, Schlussrechnungen zu erstellen bzw. auf Vollständigkeit und Plausibilität zu prüfen und die Anforderungen an die Dokumentation der Bauausführung zu benennen. Sie kennen ferner die Rechte und Pflichten während der Gewährleistungsphase und können Nachkalkulationen erstellen und diese als Kennzahlen für zukünftige Projekte aufarbeiten.

Im Rahmen des Moduls erlernen die Studierenden, wie die Methodik BIM in die Prozesse nach der Bauausführung eingebunden werden kann und welche Vorteile hieraus resultieren. Sie sind in der Lage, eigenständig kleinere Aufgaben, die im Rahmen der Gewährleistung anfallen (z.B. Identifikation von Angaben im Modell, die für die Mängelbeseitigung relevant sind) mit der Methodik BIM durchzuführen.

MODUL	M06 // PROZESSE NACH DER BAUAUSFÜHRUNG	
Lehrmethoden	Vorlesung (67 %), Übung (33 %)	
Prüfungsleistungen	Klausur	
TEILMODULE		
Nr.	Name des Teilmoduls	Vorlesungsdauer (h à 45 min)
M06-1	Baufertigstellung	35
M06-2	Gewährleistung	16
M06-3	Nachkalkulation	27
M06-4	Arbeitsschutz nach der Bauausführung	10

Tabelle 30: M06 // Prozesse nach der Bauausführung – Aufbau und Teilmodule

5.4.3.9 Praxisphase 02

Die Studierenden sind in der Lage, die im Rahmen der Module M01 bis M06 erworbenen Kenntnisse und Fertigkeiten auf ihren Berufsalltag zu übertragen.

Dabei können sie sowohl ihre persönlichen Stärken als auch vorhandene Schwächen kritisch reflektieren und geeignete Maßnahmen zur Kompensation ergreifen.

MODUL	PP02 // PRAXISPHASE 2
Lehrmethoden	Erwerb von Berufspraxis, optimalerweise im Bereich der Arbeitsvorbereitung, Bauausführung sowie Baufertigstellung
Prüfungsleistungen	Praxisbericht, abzugeben im Anschluss an die Praxisphase 03

Tabelle 31: PP02 // Praxisphase 2

5.4.3.10 Projektarbeit 02

Die Studierenden sind in der Lage, die im Rahmen des zweiten Blocks (Module M04 – M06) erworbenen Kenntnisse eigenständig auf konkrete Fragestellungen der Praxis anzuwenden.

Dabei können sie die Prozesse der Arbeitsvorbereitung, Bauausführung sowie Baufertigstellung ganzheitlich erfassen und konkrete Frage- und Problemstellungen in den jeweiligen Phasen bearbeiten. Sie sind in der Lage, in Teams zusammenzuarbeiten und auch komplexe Frage- und Problemstellungen zu hinterfragen und Lösungen zu entwickeln.

Sie sind in der Lage, sich sowohl schriftlich als auch mündlich auszudrücken und mit Fachexperten über die jeweiligen Problemstellungen sowie deren Lösungsmöglichkeiten zu kommunizieren.

MODUL	PA02 // PROJEKTARBEIT 2
Lehrmethoden	Eigenarbeit in Teams, Kommunikationsplattform
Prüfungsleistungen	Semesterabschlusscolloquium

Tabelle 32: PA02 // Projektarbeit 2

5.4.3.11 Modul 07 // Bauwirtschaft

Die Studierenden erlangen Kenntnisse über das interne sowie externe Rechnungswesen. So kennen sie den Zusammenhang und die Anforderungen an die Kostenarten-, Kostenstellen- und Kostenträgerrechnung und können diese beschreiben und anwenden.

Sie sind ferner in der Lage, Bilanzen zu lesen, zu analysieren und einzuschätzen und kennen Verfahren der Wirtschaftlichkeitsberechnung und können diese auf theoretische und praktische Fragestellungen anwenden.

MODUL	M07 // BAUWIRTSCHAFT	
Lehrmethoden	Vorlesungen, Übungen integriert (91 %), Übung (9 %)	
Prüfungsleistungen	Klausur	
TEILMODULE		
Nr.	Name des Teilmoduls	Vorlesungsdauer (h à 45 min)
M07-1	Internes Rechnungswesen	37
M07-2	Externes Rechnungswesen	45
M07-3	Finanzwesen/Finanzmathematik	35

Tabelle 33: M07 // Bauwirtschaft – Aufbau und Teilmodule

5.4.3.12 Modul 08 // Strategische Unternehmensführung

Die Studierenden lernen Methoden zur strategischen Unternehmensführung kennen und können diese auf ihre eigene Situation im Unternehmen übertragen. Sie werden somit befähigt, die Strukturen im eigenen Unternehmen zu analysieren, Probleme und Optimierungspotenziale zu identifizieren und geeignete Methoden zur Verbesserung zu ergreifen. Ausgehend von den erlernten Methoden können sie eigene Strategien für die Weiterentwicklung im Unternehmen erstellen und diese Umstrukturierung einleiten. Dabei beziehen sich diese Kompetenzen sowohl auf das Management und die Führung von Mitarbeitern, als auch auf die eigene Persönlichkeitsentwicklung und Kommunikation.

MODUL		M08 // STRATEGISCHE UNTERNEHMENSFÜHRUNG
Lehrmethoden		Vorlesung, Übungen integriert (67 %), Seminar (33 %)
Prüfungsleistungen		Mündliche Prüfung; Präsentation
TEILMODULE		
Nr.	Name des Teilmoduls	Vorlesungsdauer (h à 45 min)
M08-1	Kommunikation und Persönlichkeitsentwicklung	45
M08-2	Management und Führung	45
M08-3	Bau-Projektmanagement	20
M08-4	Methoden zur Förderung von Arbeitssicherheit und Gesundheitsschutz	10
M08-5	Risikomanagement	15

Tabelle 34: M08 // Strategische Unternehmensführung – Aufbau und Teilmodule

5.4.3.13 Modul 09 // Sonderbereiche des Bauwesens

Die Studierenden lernen weitere Bereiche des Bauwesens kennen und erhalten einen Eindruck in unterschiedliche Aufgabengebiete. Sie kennen Strategien zur Sanierung und Instandhaltung und können die Besonderheiten beim Bauen im Bestand auch im Hinblick auf den Arbeitsschutz wiedergeben. Sie sind in der Lage, die Nachhaltigkeit von Gebäuden in ihren Grundzügen zu bewerten und geeignete Abbruchverfahren und Strategien des Recyclings anzuwenden. Ferner können die Studierenden beschreiben, welche Anforderungen beim Bau von Immobilien an den Brandschutz gestellt werden. Sie haben einen Eindruck über die Komplexität und die Besonderheiten des Anlagenbaus gewonnen und können diesen wiedergeben. Die Studierenden können die Anforderungen im internationalen Bereich gegenüberstellen und beurteilen.

MODUL		M09 // SONDERBEREICHE DES BAUWESENS
Lehrmethoden		Vorlesung, Übung integriert (100 %)
Prüfungsleistungen		Klausur
TEILMODULE		
Nr.	Name des Teilmoduls	Vorlesungsdauer (h à 45 min)
M09-1	Bauen im Bestand, Sanierung und Instandhaltung	25
M09-2	Nachhaltiges Bauen und Lebenszyklus, Abbruch und Recycling	41
M09-3	Brandschutz	32
M09-4	Anlagenbau	18
M09-5	Health & Safety im internationalen Vergleich	8

Tabelle 35: M09 // Sonderbereiche des Bauwesens – Aufbau und Teilmodule

5.4.3.14 Praxisphase 03

Die Studierenden sind in der Lage, die im Rahmen der Module M01 bis M09 erworbenen Kenntnisse und Fertigkeiten auf ihren Berufsalltag zu übertragen.

Dabei können sie sowohl ihre persönlichen Stärken als auch vorhandene Schwächen kritisch reflektieren und geeignete Maßnahmen zur Kompensation ergreifen.

MODUL	PP03 // PRAXISPHASE 3
Lehrmethoden	Erwerb von Berufspraxis, optimalerweise in übergeordneten Unternehmensbereichen
Prüfungsleistungen	Praxisbericht, abzugeben im Anschluss an die Praxisphase 03

Tabelle 36: PP03 // Praxisphase 3

5.4.3.15 Masterthesis

Die Studierenden sind in der Lage, anspruchsvolle baubetriebliche und bauwirtschaftliche Aufgaben des Bauingenieurwesens mit wissenschaftlichen Methoden selbstständig zu bearbeiten und Problemstellungen aus der Praxis zu lösen.

Sie können das im Rahmen des Masterstudiengangs erworbene Methodenwissen zur ganzheitlichen Bauprojektabwicklung anwenden und auf konkrete Fragestellungen übertragen.

MODUL	MA // MASTERTHESIS
Lehrmethoden	Eigenarbeit
Prüfungsleistungen	Masterthesis

Tabelle 37: MA // Masterthesis

5.4.4 Curriculare Übersicht

Modul	Studienmodule/Fachprüfungen	Prh.	Eh	CP	CPs im ... Jahr		
					1.	2.	3.
M 01 //	**Einführung und Grundlagen**	**102**	**48**	**5**			
	Vorlesung	99	21	4	4,0		
	(Klausur-)Vorbereitung und Modulprüfung	3	27	1	1,0		
M 02 //	**Bauverfahrenstechnik und Arbeitsschutz**	**199**	**41**	**8**			
	Vorlesung	196	14	7	7,0		
	(Klausur-)Vorbereitung und Modulprüfung	3	27	1	1,0		
M 03 //	**Angebots- und Vergabeprozesse**	**83**	**67**	**5**			
	Vorlesung	80	25	3,5	3,5		
	(Klausur-)Vorbereitung und Modulprüfung	3	42	1,5	1,5		
PA 01 //	**Projektarbeit I**	**9**	**291**	**10**			
	Projektarbeit		255	8,5	8,5		
	Semesterabschlusscolloquium	9	36	1,5	1,5		
PP 01 //	**Praxiserfahrung I**		**210**	**7**			
			210	7	7,0		
M 04 //	**Prozesse der Arbeitsvorbereitung**	**128**	**52**	**6**			
	Vorlesung	125	25	5		5,0	
	(Klausur-)Vorbereitung und Modulprüfung	3	27	1		1,0	
M 05 //	**Prozesse der Bauausführung**	**145**	**65**	**7**			
	Vorlesung	142	23	5,5		5,5	
	(Klausur-)Vorbereitung und Modulprüfung	3	42	1,5		1,5	
M 06 //	**Prozesse nach der Bauausführung**	**93**	**57**	**5**			
	Vorlesung	90	15	3,5		3,5	
	(Klausur-)Vorbereitung und Modulprüfung	3	42	1,5		1,5	
PA 02 //	**Projektarbeit II**	**27**	**273**	**10**			
	Projektarbeit	18	237	8,5		8,5	
	Semesterabschlusscolloquium	9	36	1,5		1,5	
PP 02 //	**Praxiserfahrung II**		**210**	**7**			
	Praxiserfahrung		210	7		7,0	
M 07 //	**Bauwirtschaft**	**120**	**60**	**6**			
	Vorlesung	117	18	4,5			4,5
	(Klausur-)Vorbereitung und Modulprüfung	3	42	1,5			1,5
M 08 //	**Strategische Unternehmensführung**	**144**	**66**	**7**			
	Vorlesung	135	15	5			5,0
	(Klausur-)Vorbereitung und Modulprüfung	9	51	2			2,0
M 09 //	**Sonderbereiche des Bauwesens**	**126**	**24**	**5**			
	Vorlesung	123	12	4,5			4,5
	(Klausur-)Vorbereitung und Modulprüfung	3	12	0,5			0,5
PP 03 //	**Praxiserfahrung III**		**210**	**7**			
	Praxiserfahrung		210	7			7,0
MA //	**Masterarbeit**		**750**	**25**			
	Masterarbeit		750	25			25,0
Summen		**1.176**	**2.424**	**120**	**35**	**35**	**50**

Tabelle 38: Curriculare Übersicht

5.4.5 Exemplarische Darstellung des Teilmoduls M03-2 // Angebotsbearbeitung

Exemplarisch wird nachfolgend das Vorgehen zur Konzeption der Module am Beispiel des Teilmoduls M03-2 Angebotsbearbeitung dargestellt. Analog zu diesem Vorgehen wurde mit allen Modulen des Ausbildungskonzeptes verfahren.

5.4.5.1 Einordnung des Teilmoduls M03-2 in das Modul M03

Das Teilmodul M03-2 Angebotsbearbeitung ist Bestandteil des Moduls M03 // Angebots- und Vergabeprozesse und stellt das zweite von drei Teilmodulen dar. Während im Teilmodul M03-1 die Prozesse der Akquise betrachtet werden, verfolgt das Teilmodul M03-2 das Ziel, den Studierenden die Kernprozesse der Angebotsbearbeitung zu vermitteln. Im Anschluss daran findet das Teilmodul M03-3 statt, welches die Prozesse der Vertragsverhandlungen und des Vertragsschlusses betrachtet.

5.4.5.2 Ziel des Teilmoduls

Das Teilmodul M03-2 Angebotsbearbeitung hat das Ziel, den Studierenden – unter Berücksichtigung der vorangegangenen Module – die Kenntnisse zu vermitteln, die für die erfolgreiche Angebotsbearbeitung notwendig sind. Gleichzeitig stellt es die Basis für die nachfolgenden Module dar, da die hier vermittelten Kenntnisse im Rahmen der Bauausführung sowie Baufertigstellung und Gewährleistung vorausgesetzt werden. Die Abbildung 52 stellt den – bereits in Kapitel 4.3.2 erläuterten – Prozess der Angebotsbearbeitung dar.

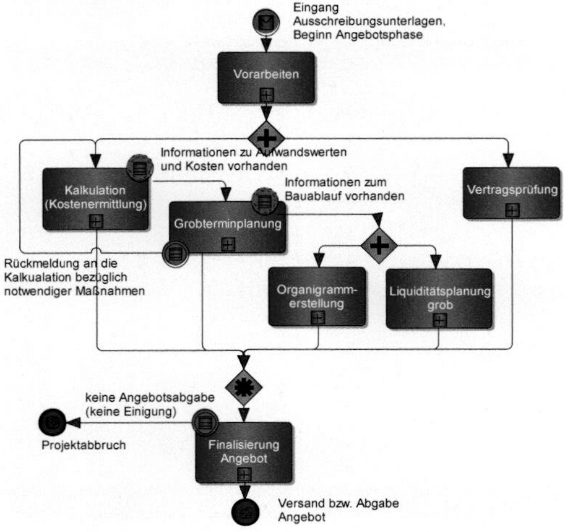

Abbildung 52: Unterprozess Angebotsbearbeitung

Zur erfolgreichen Angebotsbearbeitung ist es demnach notwendig, alle Teilprozesse zu beherrschen. So verstehen die Studierenden die theoretischen Grundlagen der Angebotsbearbeitung von der Angebotskalkulation über die Termin- und Liquiditätsplanung bis hin zur Planung der Baustellenbesetzung und der Vertragsprüfung. Sie sind in der Lage, diese Kenntnisse eigenständig anzuwenden, den Arbeitsschutz zu berücksichtigen und Strategien für die Angebotsbearbeitung zu entwickeln. Die Studierenden erkennen aufgrund der prozessorientierten Ausrichtung die Zusammenhänge zwischen den einzelnen Tätigkeiten der Angebotsbearbeitung und sind somit in der Lage zu analysieren, welche Auswirkungen eine Entscheidung in einem Prozess auf die weiteren Prozesse hat und welche Folgen daraus resultieren können.

5.4.5.3 Vorgehen zur Ermittlung der Teilmodulinhalte

Die Ermittlung der Studieninhalte erfolgt unter Zuhilfenahme der Prozesse der Angebotsbearbeitung sowie der ihnen zugeordneten notwendigen Kompetenzen aus der Kompetenzmatrix.

Die Kompetenzmatrix wird um die Spalten zur Darstellung aller Module ergänzt, sodass der in Tabelle 39 auszugsweise dargestellte Tabellenkopf entsteht.

Nr.	Prozess	Tätigkeit	notwendige Kompetenzen	ingenieurw. Fachk.			...	Modul 01					...	Modul 03			...
				Baustoffe und Bauverfahren	Bauprojektmanagement	Gesetze und Verordnungen/Normen/ Stand der Technik		01-1 Einführung, Organisation, Aufgabenbereiche und Kommunikation der am Bau Beteiligten	01-2 Gesetze und Verordnungen sowie Verantwortung und Haftung / Rechte und Pflichten	01-3 Baustellenorganisation	01-4 Grundlagen IT im Bauwesen und Dokumentenmanagement	01-5 Grundlagen Vergabe- und Vertragsrecht		03-1 Akquise	03-2 Angebotsbearbeitung	03-3 Vertragsverhandlungen und Vertragsschluss	

Tabelle 39: Erweiterung der Kompetenzmatrix um die Module sowie deren Teilmodule

Jede notwendige Kompetenz wird nun den Modulen zugeordnet, in denen der Kompetenzerwerb stattfinden soll, wobei eine notwendige Kompetenz entweder in einem, meist jedoch in mehreren Modulen erworben wird.

Nachdem alle notwendigen Kompetenzen den jeweiligen Modulen zugeordnet wurden, lässt sich die Matrix hinsichtlich eines Teilmoduls filtern. Aus der um die Zuordnung der Module erweiterten Kompetenzmatrix lassen sich zudem die Überschneidungen der Module filtern und auf dieser Basis eine Abgrenzung vornehmen.

Exemplarisch wird das Vorgehen am Modul 03-2 für den Themenbereich Grobterminplanung vorgenommen.

Der Prozess „Grobterminplanung“ besteht aus den folgenden vier Tätigkeiten:

- Vertragliche Meilensteine erfassen,
- Leistungen gewerkeweise gliedern, Leistungsaufwände schätzen und Abhängigkeiten definieren,
- Darstellung im Grobterminplan sowie
- Anpassung zur Einhaltung der vertraglichen Meilensteine.

Zur erfolgreichen Bearbeitung dieser vier Tätigkeiten wurden die notwendigen Kompetenzen definiert (s. Tabelle 41). Anschließend erfolgt die Zuordnung dieser Kompetenzen zu den einzelnen Modulen. Da es sich bei den hier betrachteten Kompetenzen um Kernkompetenzen zur erfolgreichen Grobterminplanung handelt, werden alle im Rahmen des Teilmodules M03-2 im Themengebiet Grobterminplanung vermittelt. Allerdings erfolgt der Kompetenzerwerb auch über andere Module, wie das nachfolgende Beispiel zeigt:

Sie verfügen über bauvertragsrechtliche Kenntnisse, um vertragliche Meilensteine von sonstigen (zwar vereinbarten, aber im Sinne einer Vertragsstrafenregelung nicht rechtskräftig wirksamen) Meilensteinen zu unterscheiden.

Tabelle 40: Beispiel für eine notwendige Kompetenz zur Ausübung der Tätigkeit „vertragliche Meilensteine erfassen“

Die Grundlagen zum Kompetenzerwerb werden in diesem Beispiel bereits im Modul M01-5 // Grundlagen Vergabe- und Vertragsrecht gelegt. Im Rahmen dieses Moduls erwerben die Studierenden das rechtliche Basiswissen zum Vertragsrecht im Allgemeinen und zu Arten von Vertragsstrafenregelungen sowie deren Auswirkungen für das Unternehmen im Speziellen.

Das betrachtete Modul M03-2 // Angebotsbearbeitung vermittelt den Umgang mit Vertragsterminen im Rahmen der Grobterminplanung. So erlernen die Studierenden, wie Vertragstermine angemessen im Grobterminplan berücksichtigt werden und welche Besonderheiten bei der Planung der vorlaufenden Arbeiten zu berücksichtigen sind.

Die erworbenen Kenntnisse und Fähigkeiten werden von den Studierenden im Rahmen der Projektarbeit eigenständig auf konkrete Fragestellungen übertragen. Im hier vorliegenden Beispiel haben die Studierenden die Aufgabe, vorliegende Ausschreibungs- und Vertragsunterlagen hinsichtlich vertraglicher Meilensteine zu analysieren und diese entsprechend in der Terminplanung zu berücksichtigen.

Im Rahmen der Praxisphase erfolgt der Transfer der erworbenen Kenntnisse auf den beruflichen Alltag sowie auf konkrete praktische Fragestellungen aus der Praxis.

Im weiteren Verlauf des Studiums wird innerhalb des Moduls M05-3 // Vertrags- und Nachtragsmanagement ein Rückbezug auf die im ersten Block vermittelten Kenntnisse zu den vertraglichen Meilensteinen vorgenommen. Die Studierenden können während der Bauausführung vertragliche Meilensteine identifizieren und erkennen, welche finanziellen Auswirkungen aus den Terminüberschreitungen resultieren und wie Ansprüche gegenüber den Bauprojektbeteiligten geltend gemacht werden können. Vertiefte Anwendung finden diese Kenntnisse erneut in der zweiten Projektarbeit und Praxisphase an konkreten (praktischen) Beispielen.

Diese Abhängigkeiten und Beziehungen zwischen den einzelnen Modulen sind für das Beispiel des Prozesses Grobterminplanung der Tabelle 41 zu entnehmen. Die gesamte Kompetenzmatrix ist der Anlage 8 zu entnehmen.

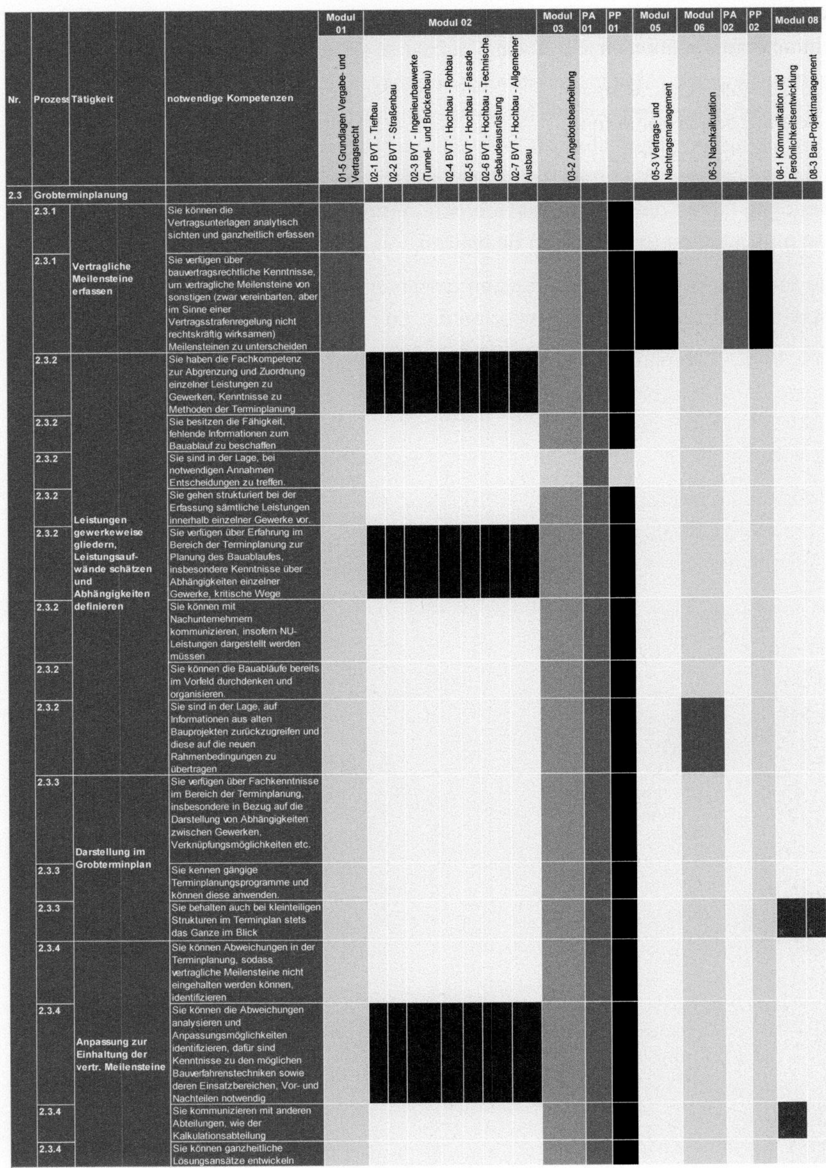

				Modul 01	Modul 02							Modul 03	PA 01	PP 01	Modul 05	Modul 06	PA 02	PP 02	Modul 08	
Nr.	Prozess	Tätigkeit	notwendige Kompetenzen	01-5 Grundlagen Vergabe- und Vertragsrecht	02-1 BVT - Tiefbau	02-2 BVT - Straßenbau	02-3 BVT - Ingenieurbauwerke (Tunnel- und Brückenbau)	02-4 BVT - Hochbau - Rohbau	02-5 BVT - Hochbau - Fassade	02-6 BVT - Hochbau - Technische Gebäudeausrüstung	02-7 BVT - Hochbau - Allgemeiner Ausbau	03-2 Angebotsbearbeitung			05-3 Vertrags- und Nachtragsmanagement	06-3 Nachkalkulation			08-1 Kommunikation und Persönlichkeitsentwicklung	08-3 Bau-Projektmanagement
2.3	Grobterminplanung																			
	2.3.1	Vertragliche Meilensteine erfassen	Sie können die Vertragsunterlagen analytisch sichten und ganzheitlich erfassen																	
	2.3.1		Sie verfügen über bauvertragsrechtliche Kenntnisse, um vertragliche Meilensteine von sonstigen (zwar vereinbarten, aber im Sinne einer Vertragsstrafenregelung nicht rechtskräftig wirksamen) Meilensteinen zu unterscheiden																	
	2.3.2	Leistungen gewerkeweise gliedern, Leistungsaufwände schätzen und Abhängigkeiten definieren	Sie haben die Fachkompetenz zur Abgrenzung und Zuordnung einzelner Leistungen zu Gewerken, Kenntnisse zu Methoden der Terminplanung																	
	2.3.2		Sie besitzen die Fähigkeit, fehlende Informationen zum Bauablauf zu beschaffen																	
	2.3.2		Sie sind in der Lage, bei notwendigen Annahmen Entscheidungen zu treffen.																	
	2.3.2		Sie gehen strukturiert bei der Erfassung sämtliche Leistungen innerhalb einzelner Gewerke vor.																	
	2.3.2		Sie verfügen über Erfahrung im Bereich der Terminplanung zur Planung des Bauablaufes, insbesondere Kenntnisse über Abhängigkeiten einzelner Gewerke, kritische Wege																	
	2.3.2		Sie können mit Nachunternehmern kommunizieren, insofern NU-Leistungen dargestellt werden müssen																	
	2.3.2		Sie können die Bauabläufe bereits im Vorfeld durchdenken und organisieren.																	
	2.3.2		Sie sind in der Lage, auf Informationen aus alten Bauprojekten zurückzugreifen und diese auf die neuen Rahmenbedingungen zu übertragen																	
	2.3.3	Darstellung im Grobterminplan	Sie verfügen über Fachkenntnisse im Bereich der Terminplanung, insbesondere in Bezug auf die Darstellung von Abhängigkeiten zwischen Gewerken, Verknüpfungsmöglichkeiten etc.																	
	2.3.3		Sie kennen gängige Terminplanungsprogramme und können diese anwenden.																	
	2.3.3		Sie behalten auch bei kleinteiligen Strukturen im Terminplan stets das Ganze im Blick																	
	2.3.4	Anpassung zur Einhaltung der vertr. Meilensteine	Sie können Abweichungen in der Terminplanung, sodass vertragliche Meilensteine nicht eingehalten werden können, identifizieren																	
	2.3.4		Sie können die Abweichungen analysieren und Anpassungsmöglichkeiten identifizieren, dafür sind Kenntnisse zu den möglichen Bauverfahrenstechniken sowie deren Einsatzbereichen, Vor- und Nachteilen notwendig																	
	2.3.4		Sie kommunizieren mit anderen Abteilungen, wie der Kalkulationsabteilung																	
	2.3.4		Sie können ganzheitliche Lösungsansätze entwickeln																	

Tabelle 41: **Exemplarischer Ausschnitt aus der Kompetenzmatrix – notwendige Kompetenzen zur Grobterminplanung sowie Zuordnung zu den Modulen**

Diese Kompetenzmatrix bildet die Basis zur Ableitung der Studieninhalte, die Übersicht der Inhalte des Teilmoduls M03-2 ist dem Kapitel 5.4.5.4 zu entnehmen.

Durch die vielen Überschneidungen der Module ist es notwendig, die Schnittstellen zu definieren, sodass keine Inhalte doppelt gelehrt oder vergessen werden. Die Darstellung der Schnittstellen ist ebenfalls der Kompetenzmatrix (Anlage 8) zu entnehmen und erfolgt tabellarisch je Teilmodul, wobei die Schnittstellen immer aus Sicht des betrachteten Moduls definiert werden. Die Schnittstellen des Moduls M03-2 sind im Kapitel 5.4.5.5 dargestellt.

Bei der Festlegung der Studieninhalte wird die breite Grundlagenausbildung aus dem vorangegangenen Bachelorstudiengang berücksichtigt. Aufgrund der Tatsache, dass einerseits die baubetrieblichen Vorkenntnisse aus dem Bachelorstudium unter Umständen stark divergieren und andererseits neben Bauingenieuren auch Architekten und Wirtschaftsingenieure zugelassen werden, haben die Studierenden sehr heterogene Vorkenntnisse.

Aus diesem Grund wird zwar ein Basiswissen im Bereich Baubetrieb vorausgesetzt, dennoch erfolgt zu Beginn der Veranstaltung jeweils ein Exkurs zu den entsprechenden Grundlagen.

5.4.5.4 Darstellung der Teilmodulinhalte

Einheit	Inhalte
13 h	**Grundlagen und Durchführung der Angebotskalkulation** • Exkurs: Grundlagen der Kalkulation (Aufbau etc.) • Baubetriebliche Grundlagen zur Angebotskalkulation (Grundkenntnisse von Bauverfahren zur Angebotskalkulation, kalkulationsrelevante Erfahrungswerte, relevante Planungen, Ausschreibungsunterlagen einschl. SiGePlan) • Notwendige Vorarbeiten zur Durchführung der Angebotsbearbeitung (Angebotsprojektgruppe zusammenstellen, Kalkulationsstartgespräch etc.) • Ermittlung der Einzelkosten der Teilleistungen (auch Leistungen des Arbeitsschutzes) • Gemeinkosten der Baustelle (auch Leistungen des Arbeitsschutzes) • Allgemeine Geschäftskosten • Wagnis und Gewinn • Ermitteln der Angebotssumme • Kalkulationsschlussgespräch und Preisfindung • Angebotsabgabe • Kalkulatorischer Verfahrensvergleich (Vergleich auch unter Berücksichtigung des Arbeitsschutzes) • Kalkulationsschlussgespräch und Preisfindung • Angebotsabgabe • Zusammenarbeit mit der SiFa während der Angebotskalkulation • Angebotskalkulation mit der Methodik BIM

Einheit	Inhalte
4 h	**Besonderheit: Angebotskalkulation im SF-Bau** • Ausschreibungsarten • Vorarbeiten • Ermittlung des Vertragssolls • Kalkulationsmethoden im SF-Bau • Vorgehensweise bei der Angebotsbearbeitung
8 h	**Grobterminplanung** • Grundlagen der Ablaufplanung • Darstellungsformen • Vorgangsabhängigkeiten, Anordnungsbeziehungen • Meilensteine • Grundlagen Ermittlung von Vorgangsdauern • Ebenen der Bauablaufplanung • Grobterminplanung • Erstellung der Grobterminplanung unter Berücksichtigung der Hinweise des SiGeKos • Abhängigkeiten zwischen der Kalkulation und der Terminplanung • Möglichkeiten der Terminplanung mit der Methodik BIM
1 h	**Liquiditätsplanung** • Bedeutung der Liquiditätsplanung • Vorgehen bei der Analyse der Zahlungsmodalitäten und der Kostenentwicklung • Möglichkeiten der Optimierung
1 h	**Planung der Baustellenbesetzung** • Ermittlung des notwendigen und geeigneten Personals (Eignung: Anforderungen aus dem Arbeitsschutz) • Überprüfung der Personalverfügbarkeiten • Erstellen Organigramm
4 h	**Vertragsprüfung** • Definition des Bausolls (Problematik: Komplettheitsklauseln, Höchstpreisklauseln, Baubeschreibungen) • Das Bausoll in Abhängigkeit der einzelnen Vertragsformen • Identifikation von K.o.-Kriterien • Bewertung des Bausolls
33 h	**Übungen zur Angebotsbearbeitung** • Übungen zur Angebotskalkulation • Übungen zur Erstellung von Terminplänen • Übung zur Erstellung eines Organigramms • Übungen zur Liquiditätsplanung • Übungen zur Vertragsprüfung • Angebotsbearbeitung mit der Methodik BIM • Einsatz ausgewählter Baumanagementsoftware
Gesamtdauer:	**64 h à 45 Min**

Tabelle 42: Themengebiete sowie Inhalte des Teilmoduls M03-2 Angebotsbearbeitung

5.4.5.5 Überschneidung mit anderen Modulen

Die Schnittstellen sind der Kompetenzmatrix (Anlage 8) zu entnehmen, nachfolgend werden die Überschneidungen des Moduls M03-2 mit anderen Modulen dargestellt. Da es sich bei dem Modul M03-2 um ein Modul handelt, das sowohl auf vorgelagerten Modulen aufbaut als auch die Basis für spätere bildet, ist es notwendig, die Schnittstellen in beide Richtungen zu betrachten.

In der Tabelle 43 werden die Schnittstellen zu vorgelagerten Modulen, in Tabelle 44 zu nachgelagerten Modulen dargestellt.

Modul	Erläuterung der Schnittstelle zu vorgelagerten Modulen
M01-1	Die Studierenden haben bereits Kenntnisse über die allgemeine Organisation der Baustellen.
M01-2	Die rechtlichen Rahmenbedingungen im Sinne von Zuständigkeiten, Verantwortungen, Haftungen sowie Rechte und Pflichten aller Beteiligten werden bereits im Modul M01-1 vermittelt. Das Modul M03-2 baut hierauf auf und vermittelt, welche Folgen diese Zuständigkeiten für notwendige Genehmigungen, Informationsbeschaffung etc. im Rahmen der Angebotsbearbeitung haben.
M01-3	Die Studierenden kennen die aus der allgemeinen Baustellenorganisation resultierenden Anforderungen an die notwendige Personalbesetzung, Personalstärke sowie Baustelleneinrichtung; im Rahmen des Moduls M03-2 lernen sie, wie sie diese Anforderungen im Rahmen der Angebotsbearbeitung berücksichtigen.
M01-4	Die Studierenden kennen bereits dem Grunde nach gängige IT-Systeme zum Dokumentenmanagement, zur Kommunikation sowie Baumanagementsoftware und wissen, welche Software zur Angebotsbearbeitung eingesetzt werden kann. Der Umgang mit Baumanagementsoftware zur Angebotsbearbeitung wird im Rahmen des Moduls M03-2 vermittelt.
M01-5	Die Studierenden erlangen bereits im Modul M01-5 Grundkenntnisse zu Themen des Vergabe- sowie Vertragsrechtes. Diese können sie insbesondere dafür nutzen, die Vertragsunterlagen rechtlich zu bewerten und die Bedeutung von Vertragsterminen zu erkennen. Im Rahmen des Moduls M03-2 lernen sie, wie diese baurechtlichen Kenntnisse in die Angebotsbearbeitung einfließen.
M02	Die Fachkenntnisse bezüglich Bauverfahrenstechniken sowie Arbeitsschutz, die im Modul M02 erworben werden, bilden anschließend die Grundlage für die Angebotsbearbeitung. Die Studierenden können Anwendungsbereiche gängiger Bauverfahren sowie ihre Vor- und Nachteile benennen und diese Kenntnisse im Rahmen der Angebotsbearbeitung anwenden.
M03-1	Während im Rahmen der Akquise bereits auf die Bedeutung von kritischen Klauseln zur ersten Projektselektion (K.o.-Kriterien) eingegangen wird, sollen im Rahmen der Angebotsbearbeitung konkrete Möglichkeiten zur Vertragsprüfung aufgezeigt werden.

Tabelle 43: Schnittstellen zu vorgelagerten Modulen

Modul	Erläuterung der Schnittstelle zu nachgelagerten Modulen
M03-3	Im Rahmen der Angebotsbearbeitung wird bereits auf die Verhandlungsführung mit Nachunternehmern eingegangen, die eigentlichen Taktiken und das Vorgehen in Vertragsverhandlungen werden jedoch im Modul M03-3 vermittelt.
M05-1	Die Studierenden können das im Rahmen der Bauausführung erworbene Wissen hinsichtlich der Plausibilität von Leistungsansätzen, auftretenden Problemen in der Bauausführung etc. in den Prozess der Angebotsbearbeitung einbeziehen.
M05-2	Das arbeitsschutztechnische Wissen, welches für die Angebotsbearbeitung notwendig ist, wird auch über die praktischen Übungen / Exkursionen im Arbeitsschutz vermittelt. Die Studierenden können das theoretisch gewonnene Wissen im Rahmen der praktischen Übungen umsetzen.
M05-3	Im Rahmen des Vertrags- und Nachtragsmanagements wird vertiefendes Wissen zum Vertragsrecht vermittelt, welches für die erfolgreiche Angebotsbearbeitung notwendig ist.
M06-3	Im Rahmen der Nachkalkulation werden Methoden aufgezeigt und vermittelt, wie Informationen aus alten Bauprojekten im Sinne von Kennzahlen aufbereitet und so für die Angebotsbearbeitung genutzt werden können.
M07	Das gesamte Modul Bauwirtschaft baut auf den vorab vermittelten projektspezifischen Kenntnissen wie der Liquiditätsplanung, der Einschätzung des Marktes und der Marktpreise etc. auf und vermittelt übergeordnete bauwirtschaftliche Kenntnisse.
M08-1 und M08-2	Zur erfolgreichen Angebotsbearbeitung sind soziale sowie Selbstkompetenzen unumgänglich. Während im Modul M03-2 Themen des Auftretens und der Präsentationstechniken gelehrt werden, vermitteln die Module M08-1 und M08-2 allgemeine Sozial und Selbstkompetenzen.
M08-3	Das Modul M08-3 vermittelt strategische Kenntnisse des Bau-Projektmanagements, wie das Qualitätsmanagement.
M08-5	Im Rahmen des Risikomanagements werden die Grundlagen zur Vertragsprüfung (K.o.-Kriterien etc.) aufgegriffen und Methoden zur risikoorientierten Bauprojektkalkulation und dem übergeordneten Risikomanagement auf Unternehmensebene vermittelt.
M09-1	Insofern die Angebotsbearbeitung für Bestandsgebäude erfolgt, sind Kenntnisse im Bereich Bauen im Bestand, Sanierung und Instandhaltung notwendig, die im Modul M09-1 vermittelt werden.
M09-3	Der Brandschutz sollte bereits im Rahmen der Angebotsbearbeitung angemessen berücksichtigt werden. Damit sind Kenntnisse aus dem Modul M09-3 für die erfolgreiche Angebotsbearbeitung notwendig.

Tabelle 44: Schnittstellen zu nachgelagerten Modulen

Diese Schnittstellen gilt es im Rahmen des Ausbildungskonzeptes zu beachten, um den Erwerb der Handlungskompetenz über alle Prozesse der Bauprojektabwicklung zu gewährleisten.

5.5 Baustein II // Wissensplattform „Netzwerk_Baubetrieb“

5.5.1 Ziel der Wissensplattform

Der Aufbau der Wissensplattform dient dem Ziel, das unter 5.4 dargestellte Ausbildungsmodell zu unterstützen. Durch die Vernetzung des Wissens und der Schaffung einer Datenbank für Vorlesungsunterlagen, weitergehende relevante Informationen, Dokumente etc. wird eine zentrale Anlaufstelle für die Informationsbeschaffung realisiert. Zudem soll die Plattform der Netzwerkbildung dienen, sodass Studierende, Dozenten und Absolventen in Kontakt bleiben und sich über berufliche Themen austauschen können.

Zwar existiert bereits eine Vielzahl an (beruflichen) Netzwerken am Markt, allerdings funktionieren diese entweder branchenunabhängig[187] oder sind allgemein zugänglich[188].

Das im Rahmen des Bausteins II // Wissensplattform entwickelte „Netzwerk_Baubetrieb“ soll dem gezielten Austausch von Führungskräften im Baubetrieb dienen. Nachfolgend werden zunächst die möglichen Nutzergruppen definiert und anschließend die einzelnen Komponenten der Wissensplattform vorgestellt.

5.5.2 Nutzergruppen

Für den Einsatz der zu konzeptionierenden Wissensplattform gibt es unterschiedliche potenzielle Nutzergruppen, die nachfolgend erläutert werden.

Nutzergruppe 1 – als Unterstützung zum Baustein I – Ausbildungskonzept
Zunächst wird die Wissensplattform als Unterstützung der Ausbildung von zukünftigen Führungskräften im Baubetrieb konzipiert.

Für die Studierenden soll eine Möglichkeit geschaffen werden, sich – trotz räumlicher Entfernung und durch die berufsbegleitende Ausrichtung bedingter geringer Präsenzphasen – an zentraler Stelle auszutauschen, Informationen abzurufen, eigene Erkenntnisse einzupflegen und das persönliche Netzwerk zu erweitern. Die Dozenten sollen ebenfalls Zugang zu der Wissensplattform erhalten, sodass sie einerseits Informationen einstellen, sich andererseits auch selbst über neue Entwicklungen etc. informieren können.

---

[187] Netzwerke wie Xing, www.xing.com, oder LinkedIn, www.linkedin.com

[188] Die Plattform www.construction.de bietet beispielsweise Fachinformationen, Foren, Stellenbörsen etc. an.

Insofern ehemalige Studierende weiterhin einen Zugang zu der Wissensplattform erhalten, wird ein reger Austausch zwischen ehemaligen und aktuellen Studierenden sowie Dozenten und ein dadurch bedingter Kompetenztransfer angeregt.

NUTZERGRUPPE 2 – ÜBERGEORDNETER EINSATZ IM WWW

Auf langfristige Sicht – insbesondere im Hinblick auf die Digitalisierung der Bauwirtschaft – ist es sinnvoll, eine übergeordnete Wissensplattform im WWW zu entwickeln.

Wie für die Nutzergruppe 1 ist ein Austausch der Mitglieder zu allen Themenbereichen des Baubetriebs möglich, mit dem einzigen Unterschied, dass in diesem Fall eine breitere Masse angesprochen wird und sich die Anwendung nicht ausschließlich auf die Unterstützung des Ausbildungskonzeptes beschränkt.

Um lediglich Fachleuten der Bauwirtschaft die Mitgliedschaft zu gewährleisten, ist ein Kontrollmechanismus vorzusehen, der die fachliche Befähigung der Antragsteller überprüft.

NUTZERGRUPPE 3 – EINSATZ IN UNTERNEHMEN

Analog zum Einsatz der Wissensplattform in Ausbildungskonzepten wäre eine Implementierung in Unternehmen der Bauwirtschaft – im Sinne einer internen Wissensplattform – denkbar. Insbesondere kleine und mittelständische Unternehmen verfügen häufig nicht über die Kapazitäten, eine eigene Wissensplattform aufzubauen. In diesen Fällen besteht die Möglichkeit, die Wissensplattform, die zur Unterstützung des Ausbildungskonzeptes aufgesetzt wird, an die spezifischen Anforderungen der Unternehmen anzupassen. Hierbei sind unternehmensinterne Applikationen wie die Veröffentlichung von Arbeitsbeschreibungen, die Bereitstellung von unternehmensinternen Checklisten, die Informationsweitergabe von gemachten Fehlern sowie deren Lösungen, technische Neuerungen im Unternehmen, Schulungsangebote etc. von Bedeutung.

In vielen großen Bauunternehmen werden Wissensplattformen bereits eingesetzt. Die Erfahrung in diesen Unternehmen zeigt, dass derartige Plattformen nicht immer von allen Mitarbeitern angenommen werden und zudem teilweise nicht bekannt sind. Um eine Wissensplattform in einem Bauunternehmen zu implementieren, erscheint es deshalb wichtig, die Mitarbeiter in diesen Prozess einzubinden und die Inhalte gemeinsam mit ihnen zu erarbeiten.

5.5.3 Komponenten der Wissensplattform

Die Wissensplattform soll neben der Bereitstellung von Wissen für Führungskräfte im Baubetrieb auch eine Plattform zur Netzwerkbildung und zum Austausch von Wissen untereinander darstellen. Zentraler Gedanke der Wissensplattform ist zudem ein optimierter (Gedanken-)Austausch zwischen Forschung und Praxis, um Forschungsergebnisse einerseits besser in die Unternehmen zu bringen und andererseits praxisorientierte Forschung betreiben zu können. Aus diesem Grund sind die folgenden Komponenten Bestandteil der Wissensplattform:

- Prozessmodelle und Wissensbausteine,
- Mitglieder,
- Forum,
- Jobbörse,
- Marktplatz,
- Nachrichten,
- Forschungsergebnisse und technische Innovationen sowie
- Weiterbildung.

Nachfolgend wird der allgemeine Aufbau der Wissensplattform erläutert und der Bereich „Prozessmodelle und Wissensbausteine“ dezidiert dargestellt. Die weiteren Komponenten finden der Vollständigkeit halber hinsichtlich ihrer Zielsetzung und Inhalte Berücksichtigung. Das vollständige Konzept der Wissensplattform ist der Anlage 11 zu entnehmen.

5.5.3.1 Allgemeiner Aufbau der Wissensplattform

Der allgemeine Aufbau der Wissensplattform gliedert sich in vier Bereiche sowie eine übergeordnete Suchfunktion.

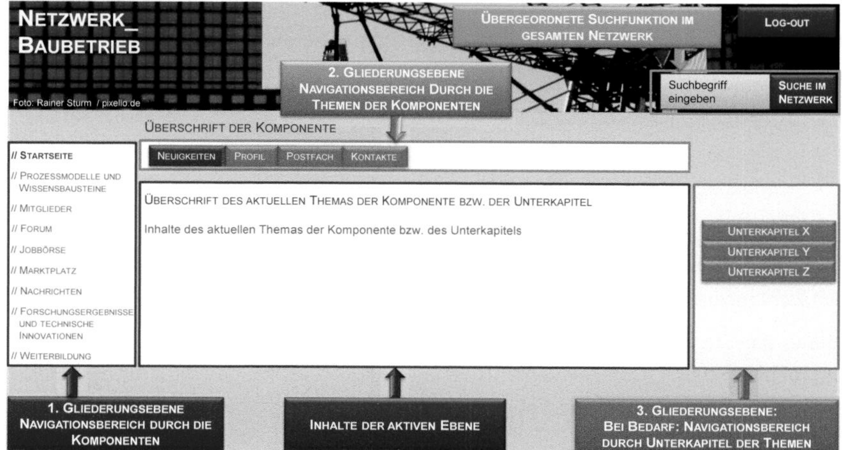

Abbildung 53: Allgemeiner Aufbau der Wissensplattform – Struktur

Links im Bild wird die erste Gliederungsebene angeordnet, die eine Navigation durch die bereits vorgestellten Komponenten ermöglicht. In der Mitte, oberhalb der Überschrift einer jeden Komponente, befindet sich die zweite Gliederungsebene zur Navigation durch die Themenbereiche der aktiven Komponente. Rechts im Bild wird – insofern vorhanden – eine dritte Gliederungsebene angezeigt, die – in Abhängigkeit der Komplexität des Themas – eine Navigation durch die Unterkapitel einzelner Themen gewährleistet. Die Inhalte der aktiven Ebene sind mittig unterhalb der zweiten Gliederungsebene platziert.

Eine übergeordnete Suchfunktion ergänzt die Struktur der Wissensplattform. Sie ermöglicht eine Schlagwortsuche über alle Komponenten hinweg.

5.5.3.2 Startseite

Auf der Startseite werden alle Neuigkeiten im Netzwerk angezeigt. Zudem erfolgt die Profil-, Postfach- und Kontaktverwaltung an dieser Stelle.

5.5.3.3 Prozessmodelle und Wissensbausteine

Unter der Komponente „Prozessmodelle und Wissensbausteine“ werden die Standardprozesse der Bauprojektabwicklung – welche bereits die Ausgangsbasis für die Entwicklung des Kompetenzprofils in Kapitel 4 und die Grundlage für die Entwicklung des Ausbildungskonzeptes in Kapitel 5.4 darstellen – abgebildet.

Ergänzt werden die Prozessmodelle durch Wissensbausteine, die einerseits den Prozessen unmittelbar über Schlagworte zugeordnet sind, andererseits über den mittleren Navigationsbereich (2. Gliederungsebene) abgerufen werden können. Die Gliederung der Wissensbausteine erfolgt gemäß den folgenden Themen:

- Regelwerke,
- Arbeitshilfen,
- Literatur,
- Vorlesungsunterlagen sowie
- Glossar.

Mithilfe einer Suchfunktion besteht ebenfalls die Möglichkeit, die gesamte Komponente nach Schlagworten zu durchsuchen.

Anhand der Standardprozesse ist für die Nutzer eine schnelle Orientierung über den Bauprozess möglich, und relevante Informationen können zielgerichtet für die Erledigung einer bestimmten Tätigkeit abgefragt werden. Ausgehend vom Hauptprozess der

Bauprojektabwicklung legt der Benutzer fest, in welcher Projektphase er sich momentan befindet – bzw. welcher Phase seine Problemstellung zuzuordnen ist – und öffnet durch Klicken auf die entsprechende Phase das untergeordnete Prozessmodell.

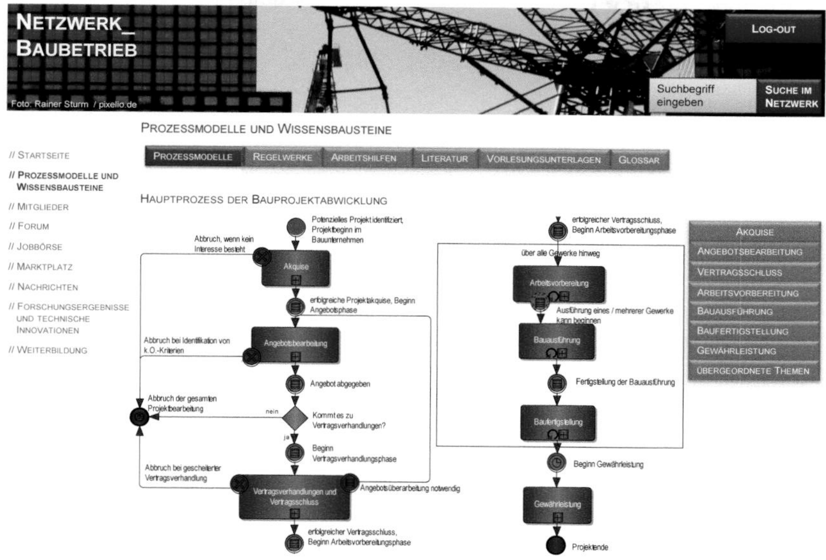

Abbildung 54: Darstellung des Hauptprozesses der Bauprojektabwicklung in der Wissensplattform

Befindet sich der Nutzer beispielsweise im Prozess der Angebotsbearbeitung, so gelangt er durch Auswahl dieser in den Unterprozess. Neben dem Prozessmodell ermöglicht eine ergänzende Prozessbeschreibung (in der Abbildung 55 lediglich auszugsweise dargestellt) einen schnellen Überblick über die Tätigkeiten im Prozess.

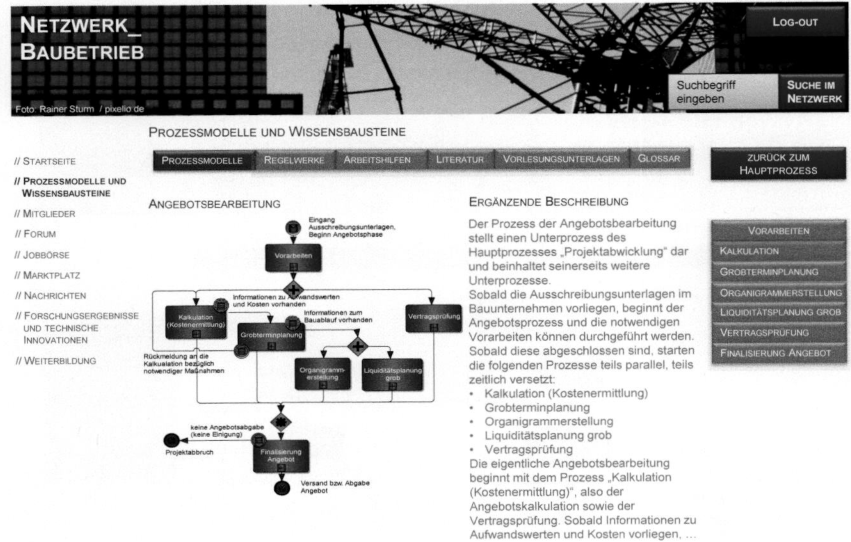

Abbildung 55: Darstellung des Prozesses der Angebotsbearbeitung in der Wissensplattform

Innerhalb des Unterprozesses kann sich der Nutzer erneut orientieren. Bestehen beispielsweise Probleme bzw. Fragen im Bereich der Grobterminplanung, so wird dieser Prozess geöffnet. Der entsprechende Unterprozess Grobterminplanung wird angezeigt und erneut durch eine textuelle Beschreibung ergänzt.

Um den Nutzer mit weitergehenden Informationen zu versorgen, stehen die Prozessmodelle in engem Zusammenhang mit den Wissensbausteinen. Dem jeweiligen Prozess sind entsprechende Checklisten, Musterformulare, ggf. Gesetzestexte sowie Rechtsprechungen zugeordnet.

Die dem Prozess der Grobterminplanung zugeordneten Wissensbausteine lassen sich über den Link „Weiterführende Informationen" anzeigen.

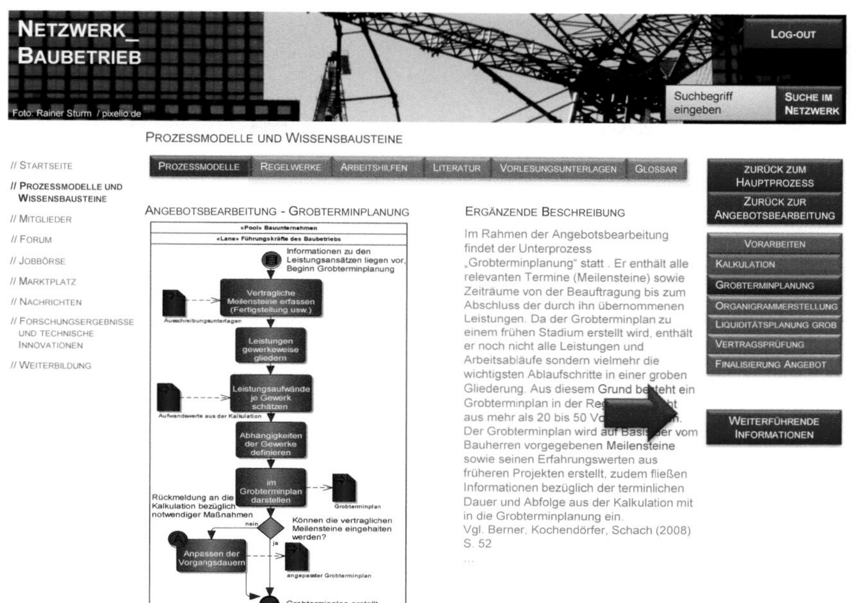

Abbildung 56: Darstellung der Grobterminplanung im Rahmen der Angebotsbearbeitung in der Wissensplattform

Aus der Datenbank werden nun alle Informationen, die in Form von Wissensbausteinen hinterlegt und mit der Grobterminplanung verschlagwortet wurden, angezeigt. Durch Auswahl der angezeigten Wissensbausteine lassen sich diese Dokumente öffnen bzw. die verlinkten Internetseiten aufrufen.

Der Abbildung 57 sind die der Grobterminplanung exemplarisch zugeordneten Wissensbausteine sowie die hinterlegten Dokumente bzw. Internetseiten am Beispiel des § 5 VOB/B sowie der Checkliste Terminplanung zu entnehmen.

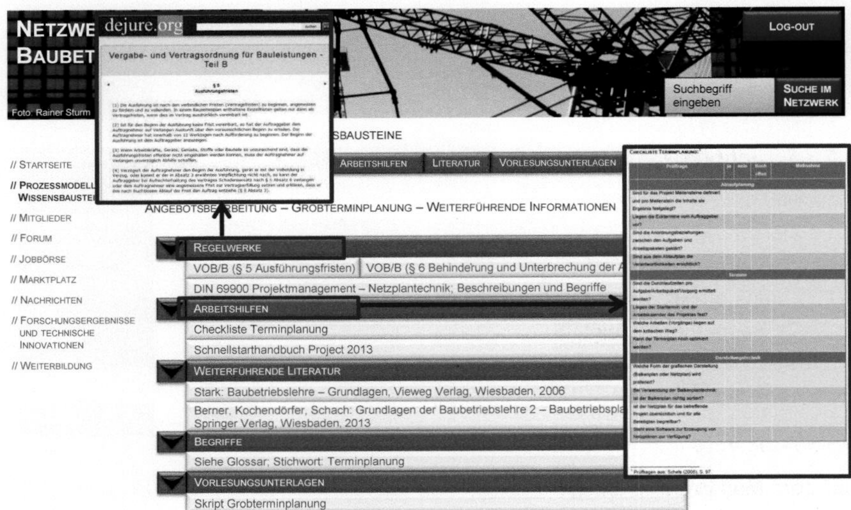

Abbildung 57: Darstellung der weiterführenden Informationen zur Grobterminplanung in der Wissensplattform[189]

Wie bereits erwähnt, können die Wissensbausteine alternativ auch losgelöst von den Prozessbetrachtungen genutzt werden.

5.5.3.4 *Mitglieder*

Jedes Mitglied hat die Möglichkeit, sich ein individuelles Mitglieder-Profil anzulegen. Dieses soll in Analogie zu bereits bestehenden beruflichen Netzwerken[190] aufgebaut sein und insbesondere die Darstellung des beruflichen Profils der Mitglieder ermöglichen.

5.5.3.5 *Forum*

Innerhalb des Forums können die Mitglieder über allgemeine Themen wie die Entwicklung der Bauwirtschaft, aber auch über spezifische Probleme diskutieren. Es soll einen Erfahrungsaustausch anregen, um z.B. Best-Practice-Beispiele weiterzugeben und Probleme/Fragestellungen auf der Baustelle mit anderen zu diskutieren.

[189] Checkliste: Prüffragen aus: Schels (2008), S. 97; § 5 VOB/B: dejure [Hrsg.] (2014)

[190] Das Mitgliederprofil soll in Analogie zu dem bei Xing anzulegenden Mitgliederprofil angelegt werden. www.xing.com

Während in bereits vorhandenen Bauforen[191] eine freie Mitgliedschaft möglich ist und diese Foren sowohl aus Nicht-Fachleuten als auch aus Fachleuten bestehen, steht die Wissensplattform „Netzwerk_Baubetrieb“ ausschließlich Fachleuten zur Verfügung, sodass die Qualität der fachlichen Inhalte gewährleistet wird.

5.5.3.6 Jobbörse

Innerhalb der Jobbörse können sowohl Unternehmen ihre freien Stellen als auch Studierende/sonstige Nutzer ihre Stellengesuche einstellen. Vorteil der Jobbörse im Netzwerk_Baubetrieb gegenüber bereits vorhandenen Stellenbörsen im Internet ist die Tatsache, dass auf dieser Plattform eine direkte Ansprache der Zielgruppe „Führungskräfte im Baubetrieb“ erfolgt. Insbesondere bei Einsatz der Plattform in Studiengängen wird es den Unternehmen ermöglicht, potenzielle Nachwuchskräfte zielgerichtet anzusprechen.

5.5.3.7 Marktplatz

Auf dem Marktplatz erhalten Baustoff-, Baugeräte- und Baumaschinenhersteller die Möglichkeit, auf ihre neuen Produkte aufmerksam zu machen. Verlage können zudem auf einschlägige Literatur verweisen.

5.5.3.8 Nachrichten

Unter „Nachrichten“ werden aktuelle Neuigkeiten aus der Bau- und Immobilienbranche publiziert.

5.5.3.9 Forschungsergebnisse und technische Innovationen

Ziel dieser Komponente ist es, den Unternehmen und Führungskräften im Baubetrieb technische Innovationen sowie Forschungsergebnisse so aufbereitet darzustellen, dass diese in die Praxis getragen werden. So kann eine stärkere Verzahnung zwischen Forschung und Praxis und ein Transfer der theoretischen Erkenntnisse in die Unternehmen gewährleistet werden.

Um dieses Ziel zu erreichen, werden im Bereich Forschungsergebnisse und technische Innovationen aktuelle Forschungsergebnisse veröffentlicht, über anstehende Forschungsprojekte berichtet und zur Mitwirkung an Forschungsprojekten aufgerufen. Zudem können Hersteller von Maschinen, Baustoffen etc. technische Innovationen präsentieren.

---

[191] Vgl. www.bauforum24.biz oder http://www.dasheimwerkerforum.de/

5.5.3.10 Weiterbildung

Die Wissensplattform eignet sich ebenfalls zum Verweis auf Weiterbildungsangebote. Insbesondere aufgrund der Vielzahl an Weiterbildungsanbietern im Bausektor gestaltet sich die Suche nach entsprechenden Weiterbildungsangeboten häufig zeitintensiv und damit mühselig.

Eine zentrale Datenbank zur Verwaltung der einschlägigen Weiterbildungsangebote – in Kombination mit einer Möglichkeit zur Identifizierung von Weiterbildungsbedarfen – würde für mehr Transparenz im Weiterbildungssektor führen. Wie eine mögliche Datenbank für die Verwaltung von Weiterbildungsangeboten aufgebaut werden kann, wird im Kapitel 5.7 dargestellt.

5.6 Baustein III // Berufspraxis

Der Berufspraxis ist im Kontext des Kompetenzerwerbs ein zentraler Stellenwert zuzuordnen. Wie in 5.2.3 erläutert, behalten Menschen lediglich 40 % von dem, was sie hören und sehen, aber ca. 90 % von dem, was sie selbst tun.

Für einen nachhaltigen Kompetenzerwerb ist es demnach unumgänglich, dass die Nachwuchsführungskräfte die theoretisch erlernten und anschließend eingeübten Kenntnisse in der Praxis anwenden und den Nutzen für ihr Berufsleben reflektieren. Aus diesem Grund wurde der Erwerb von Berufspraxis bereits im Rahmen des Ausbildungskonzeptes berücksichtigt.

Die Berufspraxis im Anschluss an die hochschulische Ausbildung gestaltet sich häufig sehr einseitig an den Themen, die im Unternehmen anfallen und dort an oberster Stelle stehen; sie orientiert sich weniger an den Bedürfnissen des jeweiligen Mitarbeiters. Um einen nachhaltigen Erwerb von Berufspraxis zu gestalten, empfiehlt es sich jedoch, die jungen Nachwuchskräfte auch nach abgeschlossener, hochschulischer Ausbildung diesbezüglich zu unterstützen. Um diese Unterstützung zu gestalten, bestehen bereits verschiedene Handlungshilfen, wie z.B. zur Mitarbeitermotivation, zur Durchführung von Mitarbeitergesprächen und der Festlegung von individuellen (Entwicklungs-)Zielen,[192] auf die an dieser Stelle lediglich verwiesen wird.

[192] An dieser Stelle wird erneut auf die Ergebnisse des Forschungsprojektes „EBBFü – Erhalt der Beschäftigungsfähigkeit von Baustellenführungskräften" verwiesen. Weitere Informationen unter: http://www.ebbfue.de/

5.7 Baustein IV // Weiterbildung

Im Rahmen des Bausteins IV // Weiterbildung erfolgt die Entwicklung einer Weiterbildungsmatrix, die aufbauend auf einer effizienten Ermittlung von Soll- und Ist-Qualifikationen den Schulungsbedarf ermittelt und adäquate Schulungsangebote aufzeigt.

Ziel dieser Matrix ist es, einfache Möglichkeiten zur Ermittlung von Weiterbildungsbedarfen zu bieten. Zudem sorgt sie für mehr Transparenz im Weiterbildungsmarkt, da alle Weiterbildungen an zentraler Stelle erfasst und so einfacher miteinander verglichen werden können.

Das für die Unternehmen und deren Mitarbeiter einfach anzuwendende Tool soll einerseits eine schnelle und sichere Definition der Soll-Qualifikationen des Mitarbeiters in Abhängigkeit seiner Tätigkeiten ermöglichen und andererseits – ausgehend von den vorhandenen Ist-Qualifikationen – zielgerichtete Weiterbildungsmaßnahmen vorschlagen.

Die vorgeschlagenen Weiterbildungsangebote werden auf Basis einer zentralen Schulungsübersicht und der Zuordnung von Schulungsangeboten zu den Tätigkeiten der Mitarbeiter sowie den hierfür relevanten Kompetenzfeldern ermittelt.

Nachfolgend werden die hinter der Weiterbildungsmatrix stehenden Überlegungen und Funktionen erläutert sowie die Matrix an sich dargestellt.

5.7.1 Anwendungsmöglichkeit der Weiterbildungsmatrix

Wie bereits erwähnt, soll die nachfolgend aufgebaute Weiterbildungsmatrix eine Möglichkeit für Unternehmen bieten, die Soll-Qualifikationen des jeweiligen Mitarbeiters in Abhängigkeit der auszuführenden Tätigkeiten zu ermitteln, diese mit den Ist-Qualifikationen abzugleichen und aus den sich ergebenden Differenzen den Schulungsbedarf abzuleiten.

Die Weiterbildungsmatrix kann sowohl vom Vorgesetzten verwendet werden, der Personalplanung betreibt, als auch von den Mitarbeitern selbst, die ihren individuellen Weiterbildungsbedarf ermitteln wollen.

Die dargestellte Weiterbildungsmatrix basiert auf einer Excel™-Datentabelle. Der Einsatz eignet sich demnach für die Bestimmung des Weiterbildungsbedarfs einzelner Mitarbeiter, ist jedoch aufgrund der Tatsache, dass nicht datenbankbasiert gearbeitet wird, für die Verwaltung von mehreren Mitarbeitern sowie die Aktualisierung des Schulungsangebotes nicht geeignet. Für diese Zwecke ist eine datenbankbasierte und von zentraler Stelle gepflegte Entwicklung notwendig.

5.7.2 Ermitteln der Soll-Qualifikationen

Den ersten Schritt zur Festlegung des Weiterbildungsbedarfs stellt die Ermittlung der Soll-Qualifikationen dar. Während diese Festlegungen in Unternehmen häufig willkürlich getroffen werden, greift die Matrix auf das im Rahmen von Kapitel 4.5 entwickelte Kompetenzprofil zurück, welches eine Auswertung der Kompetenzfelder je auszuführender Tätigkeit des Mitarbeiters ermöglicht. Um zu einem späteren Zeitpunkt geeignete Schulungen vorzuschlagen, erfolgt neben der Abfrage der durch den Mitarbeiter auszuführenden Tätigkeiten auch die Abfrage der zu betreuenden Gewerke.

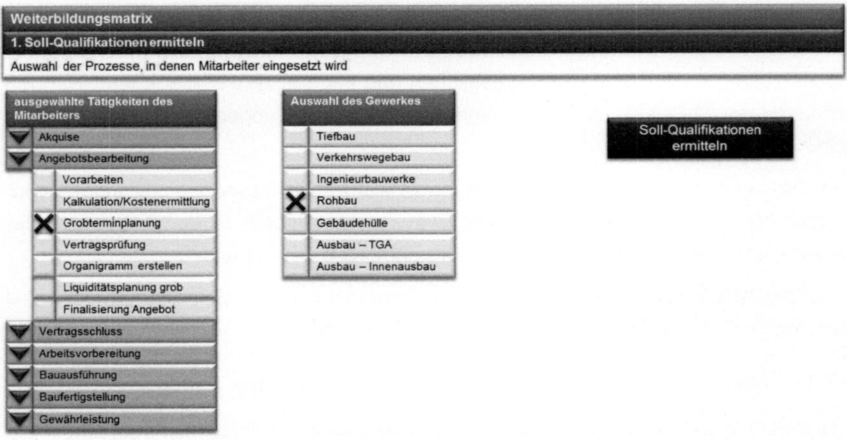

Abbildung 58: Auswahl der auszuführenden Tätigkeiten sowie der Gewerke

Im hier vorliegenden Beispiel wurde angegeben, dass der Mitarbeiter für die Grobterminplanung im Rahmen der Angebotsbearbeitung zuständig ist. Für die erfolgreiche Bearbeitung dieses Prozesses muss er über verschiedene Kompetenzen verfügen, die in der Tabelle 45 dargestellt sind.

Da jedoch nicht alle Kompetenzfelder von gleicher Relevanz für die erfolgreiche Grobterminplanung sind, erfolgt sowohl eine quantitative als auch eine qualitative Bewertung des jeweiligen Kompetenzfeldes.

Die quantitative Bewertung wird auf Basis der in Kapitel 4.5.4 aufgestellten Kompetenzmatrix vorgenommen. Grundlage hierfür bildet die Summe an Nennungen jedes Kompetenzfeldes zur Erfüllung der Tätigkeiten im betrachteten Prozess. Anschließend wird, ausgehend von dem Kompetenzfeld, welches am häufigsten genannt wurde, eine prozentuale Betrachtung und anschließende Einteilung in Klassen vorgenommen. Die obersten 33 % werden in die Relevanzklasse 3, die mittleren in die Klasse 2 und die untersten 33 % in die Klasse 1 eingeordnet. Kompetenzfelder, die für keine der Tätigkeiten im Prozess notwendig sind, werden mit 0 bewertet und bei den weitergehenden Betrachtungen nicht berücksichtigt.

Die qualitative Bewertung erfolgt – losgelöst von der absoluten Häufigkeit, mit der das Kompetenzfeld im Prozess benötigt wird – unter der Fragestellung, wie wichtig das jeweilige Kompetenzfeld für die erfolgreiche Bearbeitung des Prozesses ist. Wie bereits bei der quantitativen Bewertung erfolgt auch die qualitative in einem Dreischritt – Relevanzklasse 1 = eher unwichtig, Relevanzklasse 2 = wichtig und Relevanzklasse 3 = sehr wichtig.

Die quantitative und qualitative Relevanz jedes Kompetenzfeldes werden gemittelt und in Form der gemittelten Relevanz weiterverwendet. Bei der Mittelung wird stets auf die größere Relevanz aufgerundet. Das Vorgehen ist – exemplarisch für die relevanten Kompetenzfelder der Grobterminplanung – der Tabelle 45 zu entnehmen.

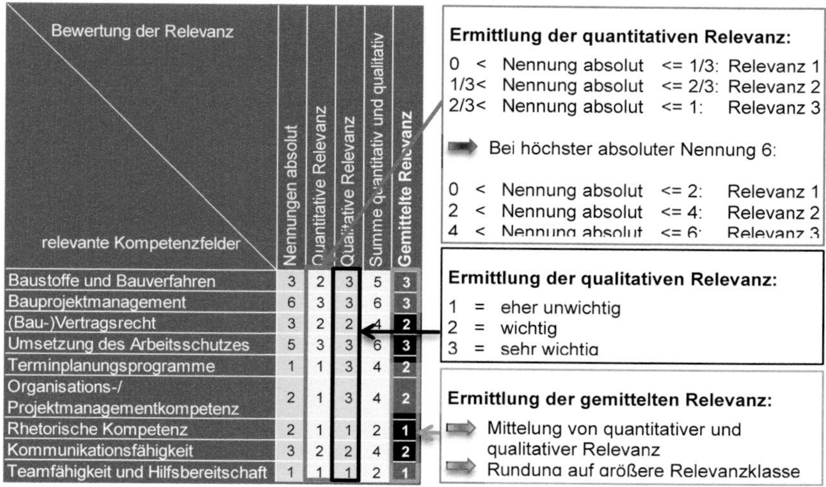

Bewertung der Relevanz / relevante Kompetenzfelder	Nennungen absolut	Quantitative Relevanz	Qualitative Relevanz	Summe quantitativ und qualitativ	Gemittelte Relevanz
Baustoffe und Bauverfahren	3	2	3	5	3
Bauprojektmanagement	6	3	3	6	3
(Bau-)Vertragsrecht	3	2	2	4	2
Umsetzung des Arbeitsschutzes	5	3	3	6	3
Terminplanungsprogramme	1	1	3	4	2
Organisations-/ Projektmanagementkompetenz	2	1	3	4	2
Rhetorische Kompetenz	2	1	1	2	1
Kommunikationsfähigkeit	3	2	2	4	2
Teamfähigkeit und Hilfsbereitschaft	1	1	1	2	1

Ermittlung der quantitativen Relevanz:

0 < Nennung absolut <= 1/3: Relevanz 1
1/3< Nennung absolut <= 2/3: Relevanz 2
2/3< Nennung absolut <= 1: Relevanz 3

Bei höchster absoluter Nennung 6:

0 < Nennung absolut <= 2: Relevanz 1
2 < Nennung absolut <= 4: Relevanz 2
4 < Nennung absolut <= 6: Relevanz 3

Ermittlung der qualitativen Relevanz:

1 = eher unwichtig
2 = wichtig
3 = sehr wichtig

Ermittlung der gemittelten Relevanz:

Mittelung von quantitativer und qualitativer Relevanz
Rundung auf größere Relevanzklasse

Tabelle 45: Vorgehen zur Ermittlung der Relevanz einzelner Kompetenzfelder für den Prozess Grobterminplanung

Da die individuelle Bewertung der Kompetenzfelder als zu aufwändig und zudem fehlerträchtig angesehen wird, sind die Relevanzklassen bereits als Informationen in der Weiterbildungsmatrix hinterlegt. Der Anwender hat hier keine weiteren Einstellungen vorzunehmen.

5.7.3 Ermitteln der Ist-Qualifikationen

Darauf aufbauend erfolgt die Ermittlung der Ist-Qualifikationen des Mitarbeiters in den jeweiligen Kompetenzfeldern, welche vom Vorgesetzten, vom Mitarbeiter selbst, im Optimalfall jedoch von beiden gemeinsam vorgenommen werden soll. Hierbei ist eine Bewertung der Ist-Qualifikation anhand der folgenden Skala vorgesehen:

Skala zur Bewertung der Ist-Qualifikation des Mitarbeiters
0 = keine Kenntnisse
1 = Grundkenntnisse
2 = fortgeschrittene Kenntnisse
3 = Expertenkenntnisse

Tabelle 46: Skala zur Bewertung der Ist-Qualifikation des Mitarbeiters

Die Einschätzung der vorhandenen Kenntnisse wird getrennt für jedes Kompetenzfeld vorgenommen und in die Weiterbildungsmatrix eingetragen.

5.7.4 Gegenüberstellung von Soll- und Ist-Qualifikationen und Darstellung des Schulungsbedarfes

Auf Basis der Differenzen zwischen Soll- und Ist-Qualifikation wird in Excel™ der individuelle Schulungsbedarf errechnet, der sich wie folgt ergibt:

Schulungsbedarf = Gemittelte Relevanz x Umrechnungsfaktor Ist-Qualifikation

Der Umrechnungsfaktor der Ist-Qualifikation bildet sich dabei wie folgt:

Umrechnungsfaktor der Ist-Qualifikation zur Ermittlung des Schulungsbedarfes		
Ist-Qualifikation 3	=	Faktor 0
Ist-Qualifikation 2	=	Faktor 1
Ist-Qualifikation 1	=	Faktor 2
Ist-Qualifikation 0	=	Faktor 3

Tabelle 47: Umrechnungsfaktor der Ist-Qualifikation zur Ermittlung des Schulungsbedarfes

Aufbauend auf dem ermittelten Schulungsbedarf erfolgt eine Klassifizierung anhand der folgenden vier Kategorien:

Klassifizierung des Schulungsbedarfs		
kein Bedarf	=	Schulungsbedarf 0
geringer Bedarf	=	Schulungsbedarf 1 – 2
mittlerer Bedarf	=	Schulungsbedarf 3 – 5
großer Bedarf	=	Schulungsbedarf 6 – 9

Tabelle 48: Klassifizierung des Schulungsbedarfs

Zur Bewertung des Niveaus der notwendigen Weiterbildungsmaßnahmen ist zudem die Betrachtung der Ist-Qualifikation notwendig.

Vorhandene Ist- Qualifikation		Niveau der notwendigen Weiterbildungsmaßnahme
Ist-Qualifikation 0 = keine Kenntnisse	=	Grundlagenschulung
Ist-Qualifikation 1 = Grundlagenkenntnisse	=	Aufbauschulung
Ist-Qualifikation 2 = fortgeschrittene Kenntnisse	=	Expertenschulung
Ist-Qualifikation 3 = Expertenkenntnisse	=	Keine Schulung notwendig

Tabelle 49: Berücksichtigung der vorhandenen Ist-Qualifikation zur Festlegung des Niveaus der Weiterbildungsmaßnahme

Der Schulungsbedarf wird für die relevanten Kompetenzfelder nach absteigendem Bedarf und unter Angabe des Niveaus der Weiterbildungsmaßnahme angezeigt. Für das Beispiel der Grobterminplanung würde dieser Schulungsbedarf – in Abhängigkeit der vorhandenen Ist-Qualifikationen – wie folgt aussehen:

Bewertung der Relevanz / relevante Kompetenzfelder	Gemittelte Relevanz	Ist-Qualifikation	Umrechnungsfaktor Ist-Qualifikation	Schulungsbedarf	Schulungsbereich und -niveau
Umsetzung des Arbeitsschutzes	3	0	3	9	Grundlagenschulung Arbeitsschutz Rohbau
(Bau-)Vertragsrecht	2	1	2	4	Aufbauschulung (Bau-)Vertragsrecht
Bauprojektmanagement	3	2	1	3	Expertenschulung Bauprojektmanagement
Teamfähigkeit und Hilfsbereitschaft	1	0	3	3	Grundlagenschulung Teambuilding
Organisations-/ Projektmanagementkompetenz	2	2	1	2	Expertenschulung Projektmanagement
Rhetorische Kompetenz	1	1	2	2	Aufbauschulung Rhetorik
Baustoffe und Bauverfahren	3	3	0	0	-
Terminplanungsprogramme	2	3	0	0	-
Kommunikationsfähigkeit	2	3	0	0	-

Tabelle 50: Ermittlung des Schulungsbedarfes, -bereiches sowie -niveaus auf Basis der Relevanz sowie der Ist-Qualifikation

Ein sehr großer Schulungsbedarf besteht demnach im Kompetenzfeld Umsetzung des Arbeitsschutzes. Da der Mitarbeiter die Rohbauarbeiten betreuen soll, liegt der Fokus auf dem Arbeitsschutz im Rohbau. Mittlerer Bedarf besteht hinsichtlich einer Aufbauschulung zum (Bau-)Vertragsrecht, einer Expertenschulung Bauprojektmanagement sowie einer Grundlagenschulung Teambuilding.

Die Expertenschulung Projektmanagement sowie die Aufbauschulung Rhetorik sind mit untergeordneter Relevanz zu bewerten, im Bereich Baustoffe und Bauverfahren, Terminplanungsprogramme sowie Kommunikationsfähigkeit besteht aktuell kein Schulungsbedarf.

5.7.5 Auswahl der geeigneten Schulungsmöglichkeiten und Erstellung des Weiterbildungsprofils je Mitarbeiter

Ausgehend von den identifizierten Schulungsbedarfen erfolgt der Vorschlag von Schulungen, die einerseits die Kompetenzfelder abdecken und andererseits das erforderliche Schulungsniveau berücksichtigen.

Im Hintergrund der Weiterbildungsmatrix erfolgt eine Beurteilung jeder Weiterbildung hinsichtlich der Zuordnungsfähigkeit zu den Unterpunkten der drei Aspekte

- Prozesse der Bauprojektabwicklung,
- Betrachtung der Gewerke sowie
- abgedeckte Kompetenzfelder.

Die optionalen Weiterbildungen werden – mit einer Verlinkung zum Anbieter – angezeigt. Entscheidet sich der Nutzer für die Belegung einer oder mehrerer Weiterbildungen, so kann er diese durch Auswahl in sein persönliches Weiterbildungsprofil übernehmen.

Das optionale Weiterbildungsprofil beinhaltet die persönlichen Angaben des Mitarbeiters, seinen Tätigkeitsbereich inklusive notwendiger Soll-Qualifikationen sowie seine momentane Ist-Qualifikation. Zudem werden sowohl bereits absolvierte als auch zukünftig geplante Weiterbildungsmaßnahmen angezeigt, sodass eine Planung des Kompetenzerwerbs vorgenommen werden kann.

5.8 Zusammenfassung des Kompetenzmodells

Das entwickelte Modell gewährleistet – ausgehend von einer ersten, breit angelegten Grundlagenausbildung im (Bau-)Ingenieurwesen – einen durchgängigen Kompetenzerwerb, wobei neben der eigentlichen Ausbildung auch das lebenslange Lernen angemessen berücksichtigt wird.

Das Ausbildungskonzept (Baustein I) ermöglicht eine fundierte, stark auf die Prozesse des Baubetriebs ausgerichtete Qualifizierung von zukünftigen Führungskräften im Baubetrieb.

Durch die vorausgesetzte Berufserfahrung von mindestens einem Jahr, die Integration von insgesamt 30 Monaten Praxisphase in die Ausbildung sowie die Einbindung von Dozenten aus der Praxis konnte das Konzept möglichst praxisnah gestaltet werden.

Die dargestellte Wissensplattform „Netzwerk_Baubetrieb" (Baustein II) ermöglicht eine zusätzliche Unterstützung der Nachwuchsführungskräfte im eigentlichen Ausbildungsprozess, aber auch über diesen hinaus. Die Führungskräfte im Baubetrieb erhalten eine zentrale Anlaufstelle, um sich über Fachwissen, Rechtsprechungen, neue Entwicklungen etc. zu informieren, gleichzeitig wird der fachliche Gedankenaustausch, die Netzwerkbildung sowie die stärkere Verzahnung von Forschung und Praxis angeregt.

Die im Rahmen des Bausteins III angesprochene Bedeutung der Berufspraxis sowie die Anforderungen an die Begleitung der beruflichen Qualifizierung durch Vorgesetzte bilden die Grundlage für das lebenslange Lernen.

Mithilfe der Weiterbildungsmatrix (Baustein IV) kann eine nachhaltige und auf den Kompetenzerwerb ausgelegte individuelle Weiterbildungsplanung betrieben werden, die auf den Tätigkeitsfeldern und den daraus resultierenden Anforderungen an die ausführende Person basiert.

6 Zusammenfassung und Ausblick

6.1 Zusammenfassung

An Führungskräfte im Baubetrieb werden hohe Anforderungen gestellt, welche in Abhängigkeit der Unternehmensgröße und -struktur variieren. Eine universell ausgebildete Führungskraft im Baubetrieb hat alle Prozesse der Bauprojektabwicklung – von der Akquise bis hin zur Gewährleistung – abzudecken.

In diesem Kontext stellt der Erwerb von Handlungskompetenz die wesentliche Grundlage zur Anforderungsbewältigung dar.

Die empirische Analyse des (hochschulischen) Bildungsmarktes und -bedarfes in Kapitel 3 hat ergeben, dass die spezifischen Anforderungen der Bauunternehmen an ihre Führungskräfte im Baubetrieb nur unzureichend durch das aktuell vorhandene Angebot an (hochschulischer) Bildung abgedeckt werden. Insbesondere fehlt es an Konzepten, die eine prozessorientierte, praxisnahe und stark auf die Anforderungen an Führungskräfte im Baubetrieb ausgerichtete Qualifikation ermöglichen.

Um diese Anforderungen zu erfüllen, wurde – auf Basis von Prozessanalysen auf Baustellen und in den übergeordneten baubetrieblichen Abteilungen – im Kapitel 0 ein Standardprozess der Bauprojektabwicklung aus Sicht der Führungskräfte im Baubetrieb entwickelt. Dieser Standardprozess wurde hinsichtlich der Arbeitsanforderungen, die aus den Tätigkeiten her resultieren, analysiert und zur Definition des Kompetenzprofils von Führungskräften im Baubetrieb herangezogen.

Ergebnis dieser Arbeit ist schließlich ein Kompetenzmodell, welches einen prozessorientierten und praxisintegrierten Kompetenzerwerb von Führungskräften im Baubetrieb ermöglicht. Grundlage bildet dabei das Kompetenzprofil in Form einer Kompetenzmatrix.

Ein fundierter Kompetenzerwerb zu Beginn des Berufslebens sowie die Gewährleistung des Kompetenzerhalts über die Berufstätigkeit hinweg sind für die erfolgreiche Projekt-abwicklung in Bauunternehmen von zentraler Bedeutung. Insbesondere aufgrund der vielseitigen Anforderungen, des breiten Aufgabenspektrums sowie der hohen Verantwortung, die Führungskräfte im Baubetrieb bei ihrer täglichen Arbeit übernehmen, genügt die einmalige Ausbildung der Führungskräfte nicht. Vielmehr muss auf sich ändernde Arbeitsbedingungen – wie z.B. technische Innovationen, Prozessoptimierungen, geänderte Rechtsvorschriften und Normen – und die daraus geänderten Anforderungen an Führungskräfte im Baubetrieb reagiert und Maßnahmen zum Erwerb dieser (geänderten) Kompetenzen getroffen werden.

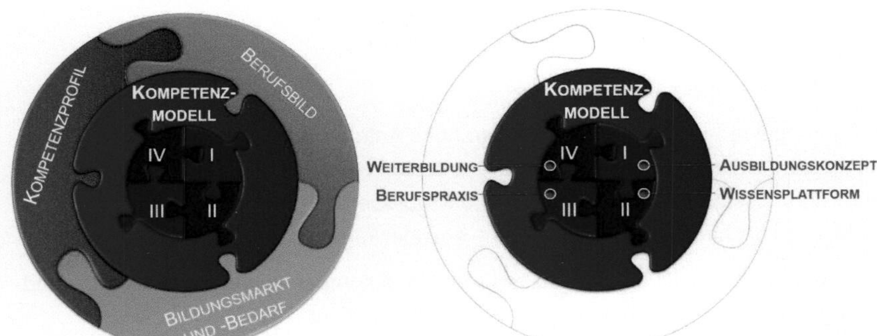

Abbildung 59: Prozessorientierte Qualifikation von Führungskräften im Baubetrieb // ein Kompetenzmodell

Das entwickelte Kompetenzmodell entspricht diesen Forderungen. Durch das im Baustein I vorgestellte Ausbildungskonzept wird der grundlegende Kompetenzerwerb für zukünftige Führungskräfte im Baubetrieb gewährleistet.

Die Wissensplattform zur Unterstützung des Ausbildungskonzeptes (Baustein II) ermöglicht einen zentralen fachlichen Austausch des Nachwuchses untereinander, aber auch mit Führungskräften aus dem Baubetrieb. Die auf diesem Medium zur Verfügung stehenden Wissensbausteine in Form von Gesetzestexten, Verordnungen, Checklisten etc. sollen die Nachwuchskräfte in ihrem beruflichen Alltag unterstützen.

Die in das Ausbildungskonzept integrierte sowie sich anschließende Berufspraxis (Baustein III) führt zur Anwendung und Reflexion der erworbenen Kompetenzen.

In regelmäßigen Abständen hat über die Berufspraxis hinweg ein Abgleich der Soll- und Ist-Qualifikationen des Mitarbeiters zu erfolgen, sodass etwaige Differenzen und daraus resultierende Weiterbildungsbedarfe identifiziert und entsprechende Weiterbildungsmaßnahmen veranlasst werden können. Die in diesem Zusammenhang entwickelte Weiterbildungsmatrix (Baustein IV) stellt eine Möglichkeit dar, die Soll-Qualifikationen eines Mitarbeiters in Abhängigkeit der auszuführenden Tätigkeiten mit den vorhandenen Ist-Qualifikationen abzugleichen und eine entsprechende Weiterbildungsplanung zu betreiben. Durch hinterlegte, den Soll-Qualifikationen zugeordnete und auf das vorhandene Ist-Qualifikationsniveau abgestimmte Schulungsangebote wird den Anwendern eine Entscheidungshilfe zur Auswahl von geeigneten Weiterbildungen an die Hand gegeben.

Das Kompetenzmodell eignet sich für Unternehmen, um Nachwuchsführungskräfte mit einem Einstieg über die Bauleitung zu gewinnen sowie vorhandene Mitarbeiter im Unternehmen weiter zu fördern und zu binden.

Durch die berufsbegleitende Ausrichtung können insbesondere kleine und mittelständische Unternehmen das Modell im Sinne eines Traineeprogramms nutzen, um den Nachwuchskräften parallel zur Einführung in die Unternehmensstrukturen und alle Abteilungen/Bauprojektphasen eine Möglichkeit der theoretischen, fachlichen Qualifikation zu bieten. Mit dieser Alternative können sich kleine und mittelständische Unternehmen einen Vorteil im harten Wettbewerb um Nachwuchsführungskräfte verschaffen, da sie ihnen – auch ohne eigene interne Traineeprogramme und hierfür zuständige Abteilungen – eine dem beliebten Traineeprogramm adäquate Alternative anbieten können.

Ebenso ist das Modell zur Vorbereitung der Nachfolgeregelungen für die Unternehmensübernahme in kleinen Bauunternehmen anwendbar. Der Mitarbeiter kann – parallel zum Erwerb der hochschulischen Qualifikation – in die Strukturen und Tätigkeiten im Bauunternehmen eingeführt werden und mit steigendem Kompetenzerwerb erste Verantwortung übernehmen.

Besonders in Verbindung mit dualen Bachelorstudiengängen, die eine breite Grundlagenausbildung im Bauingenieurwesen gewährleisten, kann mit diesem Modell eine bestmögliche Verzahnung zwischen Hochschule und Praxis erfolgen.

6.2 Ausblick

Die vorliegende Arbeit stellt mit dem Kompetenzmodell eine Möglichkeit der prozessorientierten Qualifikation von Führungskräften im Baubetrieb vor. Aus den Ergebnissen dieser Arbeit lässt sich ein weiterführender Forschungs- und Entwicklungsbedarf ableiten. Zudem ist mit Hürden in der Umsetzung des Kompetenzmodells in der Praxis zu rechnen, die im Folgenden ebenfalls dargestellt werden.

Das im Rahmen dieser Arbeit entwickelte Ausbildungskonzept gilt es umzusetzen. Durch die starke Praxisorientierung sind ein großes Interesse und eine starke Beteiligung der Bauunternehmen erforderlich. Das Risiko der mangelnden Unterstützung und Förderung durch die Bauunternehmen wird von der Verfasserin zum aktuellen Zeitpunkt aufgrund des vorhandenen Fachkräftemangels als sehr gering eingeschätzt, kann sich jedoch bei geändertem Arbeitsmarkt negativ auf das Modell auswirken.

Um den Qualitätsanforderungen an das Kompetenzmodell gerecht zu werden, ist eine stetige Evaluation notwendig, die einerseits die Qualität der Studieninhalte, andererseits die der (Praxis-)Dozenten überprüft. Zudem gilt es, das Kompetenzprofil bei sich ändernden Rahmenbedingungen und daraus resultierenden geänderten Arbeitsanforderungen anzupassen und die angepassten Rahmenbedingungen im Ausbildungskonzept zu verankern. Dies trifft insbesondere auf technische und organisatorische Änderungen in der Bauwirtschaft zu, wobei gewährleistet werden muss, dass neue, innovative Methoden und Techniken angemessen berücksichtigt werden.

Die detaillierte Entwicklung eines Traineeprogramms hat in Zusammenarbeit mit kleinen und mittelständischen Bauunternehmen zu erfolgen, um den Unternehmen, die keine eigenen Traineeprogramme für Nachwuchskräfte anbieten können, eine zwischen Unternehmen und Hochschule abgestimmte Ausbildung anzubieten.

Die vorgestellte Wissensplattform „Netzwerk_Baubetrieb" bedarf ebenfalls der Umsetzung. Hierfür ist es aus Sicht der Verfasserin erforderlich, im Rahmen eines (Forschungs-) Projekts gemeinsam mit Hochschulen, Unternehmen, Verlagen von Fachliteratur, Instituten wie dem Deutschen Institut für Normung (DIN), Rechtsanwälten aus dem Bereich Bau- und Immobilienrecht etc. die ergänzenden Anforderungen an die Wissensplattform weiter zu spezifizieren, die Inhalte zu definieren und zu entwickeln. Im Anschluss an diese weitergehende inhaltliche Abstimmung hat die technische Umsetzung zu erfolgen. Hierfür ist insbesondere ein Kontrollmechanismus vorzusehen, der die ausschließliche Nutzung der Plattform durch Fachleute gewährleistet. Zudem ist sicherzustellen, dass die Inhalte einer regelmäßigen Aktualisierung und Pflege unterliegen. Um eine derartige Wissensplattform zu etablieren, bedarf es der Akzeptanz und Anwendung durch die Endkunden, diese wäre im Rahmen eines (Forschungs-) Projektes zu evaluieren.

Einen weiteren Untersuchungsbereich stellt der Aufbau der Weiterbildungsmatrix dar. Die im Rahmen dieser Arbeit vorgestellte Weiterbildungsmatrix beinhaltet ein exemplarisches Angebot von Weiterbildungsträgern. Zur vollflächigen Abdeckung des Weiterbildungsmarktes und zur Schaffung einer zentralen Anlaufstelle zur Identifizierung von Weiterbildungsbedarfen ist es notwendig, alle Weiterbildungsangebote aufzunehmen. Um diese anzulegen und auf dem aktuellen Stand zu halten, ist der Einsatz einer Datenbank notwendig. Zur Pflege des Weiterbildungsangebotes ist es aus Sicht der Verfasserin empfehlenswert, den Weiterbildungsträgern eine Möglichkeit zur Anlegung ihrer Weiterbildungsangebote zu geben, sodass die Angebote nicht an zentraler Stelle eingepflegt, sondern lediglich kontrolliert werden müssen. Um eine nachhaltige Weiterbildungsmatrix zu entwickeln, ist die Möglichkeit der Bewertung von Schulungen durch die Nutzer zu gewährleisten. Die Weiterbildungsmatrix beschränkt sich aktuell auf am Markt verfügbare Weiterbildungsangebote. Um eine optimale Weiterbildung in Analogie zu dem Prozessgedanken des Ausbildungskonzeptes sicherzustellen, ist die

Entwicklung eines modularen Schulungsangebotes für Führungskräfte im Baubetrieb erforderlich. Ausgangsbasis zur Konzeptionierung neuer Ausbildungsangebote sollte dabei die Kompetenzmatrix darstellen.

Literaturverzeichnis

Gesetze, Verordnungen, Richtlinien

Akkreditierungsrat (2005): Akkreditierungsrat: ECTS-Fähigkeit von Praxisanteilen im Studium, Beschluss des Akkreditierungsrates vom 19. September 2005

Akkreditierungsrat (2007): Handreichung des Akkreditierungsrates an die Agenturen auf Grundlage der „Empfehlungen der Arbeitsgruppe ‚Weiterbildende Studiengänge' des Akkreditierungsrates zur Qualitätssicherung und Akkreditierung weiterbildender Masterstudiengänge, Beschluss des Akkreditierungsrates am 8.10.2007

Akkreditierungsrat (2010): Akkreditierungsrat: Handreichung der AG „Studiengänge mit besonderem Profilanspruch", Beschluss des Akkreditierungsrates vom 10.12.2010

Akkreditierungsrat (2011): Akkreditierungsrat: Rechtsgrundlagen für die Akkreditierung und die Einrichtung von Studiengängen mit den Abschlüssen Bachelor und Master in den einzelnen Bundesländern, Stand: 17.06.2011

Akkreditierungsrat (2013): Akkreditierungsrat: Regeln für die Akkreditierung von Studiengängen und für die Systemakkreditierung, Beschluss des Akkreditierungsrates vom 08.12.2009, zuletzt geändert am 20.02.2013

ArbSchG (1996): Gesetz über die Durchführung von Maßnahmen des Arbeitsschutzes zur Verbesserung der Sicherheit und des Gesundheitsschutzes der Beschäftigten bei der Arbeit, Ausfertigungsdatum: 07.08.1996

ASG (2005): Gesetz zur Errichtung einer Stiftung „Stiftung zur Akkreditierung von Studiengängen in Deutschland", 25. Februar 2005

BauO NRW (2014): Bauordnung für das Land Nordrhein-Westfalen – Landesbauordnung (BauO NRW), Stand: 01.09.2014 (https://recht.nrw.de/lmi/owa/br_bes_text?anw_nr=2&gld_nr=2&ugl_nr=232&bes_id=4883&aufgehoben=N&menu=1&sg=0, Stand: 22.09.2014)

dejure [Hrsg.] (2014): Vergabe- und Vertragsordnung für Bauleistungen – Teil B, § 5 (http://dejure.org/gesetze/VOB-B/5.html, Stand 22.09.2014)

DIN EN ISO (9000) (2005): DIN EN ISO 9000: Qualitätsmanagementsysteme – Grundlagen und Begriffe, Ausgabe 2005-12

DIN (2012): DIN Deutsches Institut für Normung e.V. [Hrsg.], VOB. Vergabe- und Vertragsordnung für Bauleistungen, Beuth Verlag GmbH, Berlin, 2012

HOAI (2013):VOB, HOAI, 29. Auflage, Beck-Texte im dtv, Nördlingen, München, 2013

Jurion [Hrsg.] (2014): Musterbauordnung [MBO]. (https://www.jurion.de/Gesetze/MBO, Stand: 22.09.2014)

Kultusministerkonferenz (2003): Sekretariat der ständigen Konferenz der Kultusminister der Länder in der Bundesrepublik Deutschland: 10 Thesen zur Bachelor- und Masterstruktur in Deutschland, Beschluss der Kultusministerkonferenz vom 12.06.2003

Kultusministerkonferenz (2010): Kultusministerkonferenz: Ländergemeinsame Strukturvorgaben für die Akkreditierung von Bachelor- und Masterstudiengängen, Beschluss der Kultusministerkonferenz vom 10.10.2003 i.d.F. vom 04.02.2010

Sekretariat der Kultusministerkonferenz (2011): Sekretariat der Kultusministerkonferenz, Referat berufliche Bildung, Weiterbildung und Sport: Handreichung für die Erarbeitung von Rahmenlehrplänen der Kultusministerkonferenz für den berufsbezogenen Unterricht in der Berufsschule und ihre Abstimmung mit Ausbildungsordnungen des Bundes für anerkannte Ausbildungsberufe, Berlin, 2011

Internetquellen

Akkreditierungsrat [Hrsg.] (2014):Rechtliche Grundlagen – Stiftung und Agenturen (http://www.akkreditierungsrat.de/index.php?id=grundlagen, abgerufen am: 22.09.2014)

Architektenkammer Nordrhein-Westfalen [Hrsg.] (2014): Landesbauordnung (http://www.aknw.de/mitglieder/recht-und-gesetze/landesbauordnung/, abgerufen am: 22.09.2014) asw an der Universität Trier e.V. [Hrsg.] (2014): AG sozialwissenschaftliche Forschung und Weiterbildung an der Universität Trier e.V.: T.A.L.E.N.T: Kompetenzbegriff und Kompetenzkategorien. (http://talent.asw-trier.de/index.php?id=69#c218, abgerufen am: 22.09.2014)

AXODO GmbH [Hrsg.] (2014): Soft-Skills – Kommunikative Kompetenz. (http://www.soft-skills.com/kommunikativekompetenz/index.php, abgerufen am: 22.09.2014)

Bauindustrie [Hrsg.] (2014a): Bedeutung der Bauwirtschaft. (http://www.bauindustrie.de/zahlen-fakten/bauwirtschaft-im-zahlenbild/_/fakt/bedeutung-der-bauwirtschaft/#, abgerufen am: 22.09.2014)

Bauindustrie [Hrsg.] (2014b): Beschäftigung und Arbeitslosigkeit im Bauhauptgewerbe. (http://www.bauindustrie.de/zahlen-fakten/bauwirtschaft-im-zahlenbild/_/fakt/beschaftigung-und-arbeitslosigkeit-im-bauhauptgewe/, abgerufen am: 22.09.2014)

Bauindustrie [Hrsg.] (2014c): Studenten im Bauingenieurwesen. (http://www.bauindustrie.de/zahlen-fakten/bauwirtschaft-im-zahlenbild/_/fakt/studenten-im-bauingenieurwesen/, abgerufen am: 22.09.2014)

Bauindustrie [Hrsg.] (2014d): Produktion und Bautätigkeit. (http://www.bauindustrie.de/zahlen-fakten/statistik/baukonjunktur/produktion-und-bautatigkeit/#, abgerufen am: 22.09.2014)

Bauindustrie [Hrsg.] (2014e): Unternehmensstruktur. (http://www.bauindustrie.de/zahlen-fakten/statistik/struktur/unternehmens struktur/, abgerufen am: 22.09.2014)

Bauindustrie [Hrsg.] (2014f): Beschäftigte. (http://www.bauindustrie.de/zahlen-fakten/statistik/arbeitsmarkt/beschaftigte/, Stand: 22.09.2014)

Bundesagentur für Arbeit (2012): Bundesagentur für Arbeit: Branchenbericht: Der Arbeitsmarkt im Bausektor. (http://www.bauindustrie.de/media/attachments/Branchenbericht_2011.pdf, abgerufen: Juni 2012)

Deutsches Institut für Erwachsenenbildung (DIE) e.V. [Hrsg.] (2014): Kompetenzentwicklung statt Weiterbildung – Mehr als nur neue Begriffe (http://www.diezeitschrift.de/497/bootz97_01.htm, abgerufen am: 22.09.2014)

Duden (2014a): Stichwort Bauleiter (http://www.duden.de/node/758879/revisions/1199640/view, abgerufen am 22.09.2014)

Duden (2014b): Stichwort Bauleitung (http://www.duden.de/node/759076/revisions/1100740/view, abgerufen am 22.09.2014)

Duden (2014c): Stichwort Prozess (http://www.duden.de/node/659973/revisions/1195613/view, abgerufen am: 22.09.2014)

Duden (2014d): Stichwort Qualifikation (http://www.duden.de/node/659920/revisions/1325198/view, abgerufen am: 22.09.2014)

Duden (2014e): Stichwort Kompetenz (http://www.duden.de/node/675402/revisions/1330764/view, abgerufen am: 22.09.2014)

HS Bremen [Hrsg.] (2014): Koordinierungsstelle für Weiterbildung: Professional Skills – Lernkompetenz (http://www.hs-bremen.de/internet/de/weiterbildung/koowb/ Schluesselkompetenzen/Lern Kompetenz/, abgerufen am: 22.09.2014)

ProjektMagazin. Berleb Media GmbH [Hrsg.] (2014): Aufbauorganisation. (https://www.projektmagazin.de/glossarterm/aufbauorganisation, abgerufen am: 22.09.2014)

Quality Austria GmbH [Hrsg.] (2014): Zitate zu „Qualität ist …" (http://www.qualityaustria.com/uploads/media/Zitate_Qualitaet_ist.pdf, abgerufen am: 22.09.2014)

Springer Gabler Verlag [Hrsg.] (2014a): Gabler Wirtschaftslexikon, Stichwort Wissen. (http://wirtschaftslexikon.gabler.de/Archiv/75634/wissen-v4.html, abgerufen am: 22.09.2014)

Springer Gabler Verlag [Hrsg.] (2014b): Gabler Wirtschaftslexikon, Stichwort Fachkompetenz. (http://wirtschaftslexikon.gabler.de/Archiv/85641/fachkompetenz-v7.html, abgerufen am: 22.09.2014)

Springer Gabler Verlag [Hrsg.] (2014c): Gabler Wirtschaftslexikon, Stichwort Sozialkompetenz. (http://wirtschaftslexikon.gabler.de/Archiv/85643/sozialkompetenz-v7.html, abgerufen am: 22.09.2014)

Springer Gabler Verlag [Hrsg.] (2014d): Gabler Wirtschaftslexikon, Stichwort Methodenkompetenz.(http://wirtschaftslexikon.gabler.de/Archiv/85642/ methodenkompetenz-v9.html, abgerufen am: 22.09.2014)

Springer Gabler Verlag [Hrsg.] (2014e): Gabler Wirtschaftslexikon, Stichwort Curriculum. (http://wirtschaftslexikon.gabler.de/Archiv/122434/curriculum-v8.html, abgerufen an: 22.09.2014)

Wolters Kluwer Deutschland [Hrsg.] (2014a): Scheuermann, Praxishandbuch Brandschutz Verantwortung und Rechtsfolgen, 2008 (http://www.arbeitssicherheit.de/de /html/library/document/4989892, abgerufen am: 22.09.2014)

Wolters Kluwer Deutschland [Hrsg.] (2014b): Scheuermann, Praxishandbuch Brandschutz Rechtsfolgen bei Verstößen, 2008 (http://www.arbeitssicherheit.de/de/html/ library/document/4989893, abgerufen am: 22.09.2014)

Monografien

Arnold et al. (2011):Arnold, Rolf; Krämer-Stürzl, Antje; Siebert, Horst: Dozentenleitfaden – Erwachsenenpädagogische Grundlagen für die berufliche Weiterbildung. Cornelsen Verlag, Berlin, 2011

Becker et al. (2012): Becker, Jörg; Kugeler, Martin; Rosemann, Michael: Prozessmanagement, Springer Verlag, Berlin, Heidelberg, 2012

Berner et al. (2007): Berner, Fritz; Kochendörfer, Bernd; Schach, Rainer: Grundlagen der Baubetriebslehre 1, 1. Auflage, B.G. Teubner Verlag, Wiesbaden, 2007

Berner et al. (2008): Berner, Fritz; Kochendörfer, Bernd; Schach, Rainer: Grundlagen der Baubetriebslehre 2, Baubetriebsplanung, 1. Auflage, B.G. Teubner Verlag, Wiesbaden, 2008

Berner et al. (2009): Berner, Fritz; Kochendörfer, Bernd; Schach, Rainer: Grundlagen der Baubetriebslehre 3, Baubetriebsführung, 1. Auflage, Vieweg + Teubner Verlag, Wiesbaden, 2009

Berner, Kochendörfer, Schach (2009): Berner, F.; Kochendörfer, B.; Schach, R.: Grundlagen der Baubetriebslehre 3 – Baubetriebsführung, Vieweg und Teubner Verlag, Wiesbaden, 2009

BG BAU(2011): BG BAU: Ausbildungsmodell zur Ausbildung von Fachkräften für Arbeitssicherheit, Stand: 3. November 2011 (unveröffentlicht)

Biermann (2001): Biermann, Manuel: Der Bauleiter im Bauunternehmen – Baubetriebliche Grundlagen und Bauabwicklung, 2. Auflage, Rudolf Müller Verlag, Köln, 2001

Brecht (2012): Brecht, Ulrich: Controlling für Führungskräfte, Springer Verlag, Wiesbaden, 2012

Cichos (2007): Cichos, Christopher: Untersuchungen zum zeitlichen Aufwand der Baustellenleitung, Ermittlung von Tätigkeiten und zugehörigen Aufwandswerten der Bauleitung auf einer Baustelle, Neu Anspach, 2007

Duve, Cichos (2010): Duve, H.; Cichos, C.: Bauleiter-Handbuch Auftragnehmer – Praxisbeispiele, Checklisten, Musterbriefe, 2. Auflage, Werner Verlag, Köln, 2010

Füermann, Dammasch (2008): Füermann, Timo; Dammasch, Carsten: Prozessmanagement, Anleitung zur ständigen Prozessverbesserung, 3. Auflage, Hanser Pocket Power, München, 2008

Girmscheid (2004): Girmscheid, Gerhard: Forschungsmethodik in den Baubetriebswissenschaften, Eigenverlag des IBB an der ETH Zürich, Zürich, 2004

Girmscheid (2010a): Girmscheid, Gerhard: Angebots- und Ausführungsmanagement – Leitfaden für Bauunternehmen, Erfolgsorientierte Unternehmensführung vom Angebot bis zur Ausführung, 2. Auflage, Springer Verlag, Berlin, 2010

Girmscheid (2010b) Girmscheid, Gerhard: Strategisches Bauunternehmensmanagement, 2. bearbeitete und erweiterte Auflage, Springer Verlag, Berlin und Heidelberg, 2010

Gralla (2008): Gralla, Mike (2008): Baubetriebslehre Bauprozessmanagement, 1. Aufl, Werner Verlag, Köln, 2011

John (1998): John, R.: Organisation – Aufbauorganisation, Ablauforganisation, Organisationsentwicklung, Skript, Grin Verlag, München, 1998

Leimböck et al. (2011):Leimböck, Egon; Klaus, Ulf Rüdiger; Hölkermann, Oliver: Baukalkulation und Projektcontrolling. Unter Berücksichtigung der KLR Bau und der VOB, 12. Auflage, Vieweg + Teubner Verlag, Wiesbaden, 2011

Mangler (2010): Mangler, Wolf D.: Aufbauorganisation, 2. Auflage, Books on Demand GmbH, Norderstedt, 2010

Mieth (2007):Mieth, Petra: Weiterbildung des Personals als Erfolgsfaktor der strategischen Unternehmensplanung in Bauunternehmen. Ein praxisnahes Konzept zur Qualifizierung von Unternehmensbauleitern, Kassel university press GmbH, Kassel, 2007

Noé (2013): Noé, Manfred: Mit Controlling zum Projekterfolg, Gabler Verlag, Wiesbaden, 2013

Oepen (2002): Oepen, Ralf-Peter: Phasenorientiertes Bauprojekt-Controlling in bauausführenden Unternehmen – unter besonderer Berücksichtigung einer zweigliedrigen Arbeitskalkulation, Dissertation, Freiberg, 2002

Schels (2008): Schels, Ignatz: Projektmanagement mit Excel 2007, Addison-Wesley Verlag, München, 2008

Schmidt (2012): Schmidt, Günther: Prozessmanagement, Springer Verlag, Berlin, Heidelberg, 2012

Stark (2006): Stark, Karlhans: Baubetriebslehre – Grundlagen, Projektbeteiligte, Projektplanung, Projektablauf, Vieweg Verlag, Wiesbaden, 2006

Treptow (2014): Faas, Stefan; Bauer, Petra; Treptow, Rainer: Kompetenz, Performanz, soziale Teilhabe, Sozialpädagogische Perspektiven auf ein bildungstheoretisches Konstrukt, Springer Verlag, Wiesbaden, 2014

Wittke (2007): Wittke, Gregor: Kompetenzerwerb und Kompetenztransfer bei Arbeitssicherheitsbeauftragten, Dissertation, Berlin, 2007 (Abrufbar unter: http://www.diss.fu-berlin.de/diss/receive/FUDISS_thesis_000000002654, abgerufen am 22.09.2014)

Zilch et al. (2012): Zilch, K.; Diederichs, C. J.; Katzenbach, R.; Beckmann, K. J.: Handbuch für Bauingenieure, Springer Verlag, Berlin, Heidelberg, 2012

Zeitschriften, Aufsätze und Berichte

baua (2012a): Bundesanstalt für Arbeitsschutz und Arbeitsmedizin: Sicherheit und Gesundheit bei der Arbeit 2012, Unfallverhütungsbericht Arbeit, Dortmund, Berlin, Dresden, 2012

baua (2012b): Bundesanstalt für Arbeitsschutz und Arbeitsmedizin: Tödliche Arbeitsunfälle 2001 – 2010, Dortmund, 2012

Bauingenieur (2006): Bauingenieur. Die richtungsweisende Zeitschrift im Bauingenieurwesen, Band 81, März 2006

Krüger (Hrsg.) (2007): Prenzel, Manfred; Gogolin, Ingrid; Krüger, Heinz-Hermann: Kompetenzdiagnostik, Zeitschrift für Erziehungswissenschaft, Sonderheft 8 | 2007, VS, Verlag für Sozialwissenschaften, Wiesbaden, 2007

Oepen (2014): Oepen, Ralf-Peter: Das Spannungsfeld von Produkt und Dienstleistung im Lebenszyklus Bau, (http://www.bwi-bau.de/downloads/aufsaetze/?cid=871&did=1103&sechash=4f4b829d, Stand: 22.09.2014)

VDI Technologiezentrum (2011): Zukünftige Technologien Consulting der VDI Technologiezentrum GmbH, im Auftrag und mit Unterstützung des VDI Verein Deutscher Ingenieure e.V.: Technologiestandort Deutschland 2020 – Status Quo und Entwicklungsperspektiven für Ingenieure, Zukünftige Technologien Nr. 91, Düsseldorf, Mai 2011

Anlagenverzeichnis

Diese Anlagen sind gratis online auf www.springer.com verfügbar.

Anlage 1 // Vorveröffentlichungen

Anlage 2 // Auswertung Bachelorstudiengänge im Bereich Baubetrieb

Anlage 3 // Auswertung Masterstudiengänge im Bereich Baubetrieb

Anlage 4 // Unternehmensbefragung (Anschreiben, Fragebogen, Auswertung)

Anlage 5 // Studierendenbefragung (Anschreiben, Fragebogen, Auswertung)

Anlage 6 // Matrix: Gegenüberstellung des Studienangebots mit den Umfrageergebnissen

Anlage 7 // Prozessmodelle und Prozessbeschreibungen

Anlage 8 // Kompetenzmatrix (inkl. Modulzuordnung)

Anlage 9 // Modulhandbuch

Anlage 10 // Studienverlaufsplan

Anlage 11 // Konzept Wissensplattform

Anlage 12 // Weiterbildungsmatrix

Printed in the United States
By Bookmasters